ZHONGGUO SONGCAI XIANCHONGBING

FENBU GEJU TEZHENG FENXI

中国松材线虫病
分布格局特征分析

高瑞贺　著

中国林业出版社
China Forestry Publishing House

图书在版编目（CIP）数据

中国松材线虫病分布格局特征分析 / 高瑞贺著.
北京：中国林业出版社，2024. 6. —ISBN 978-7-5219-
2771-9

Ⅰ. S763. 710. 3

中国国家版本馆 CIP 数据核字第 2024G5H668 号

策划编辑：许　玮
责任编辑：许　玮
封面设计：刘临川

出版发行：中国林业出版社
　　　　　（100009，北京市西城区刘海胡同 7 号，电话 010-83143576）
网　　址：https：//www. cfph. net
印　　刷：河北鑫汇壹印刷有限公司
版　　次：2024 年 6 月第 1 版
印　　次：2024 年 6 月第 1 次印刷
开　　本：787mm×1092mm　1/16
印　　张：10.75
字　　数：215 千字
定　　价：60.00 元

前　言

　　松材线虫可导致松树发生松材线虫病，是我国重大的外来入侵物种，已被我国列入对内、对外重要的森林植物检疫对象。松材线虫病是一个极其复杂的病害侵染循环，包括了病原松材线虫、媒介天牛自然传播、人为活动远距离传播、寄主松树和环境因子，与传统的林木病害存在较大的差异。当松材线虫传入新的生态系统后，往往缺乏自然天敌对其限制，导致松材线虫病在亚洲(日本、中国、韩国)、欧洲(葡萄牙和西班牙)等地区蔓延成灾，给当地松林生态系统带来了巨大的经济损失和生态灾难，其中尤以日本、韩国和中国受害最为严重。我国于1982年9月在南京中山陵首次发现松材线虫病，此后四十余年时间，松材线虫病又相继在我国台湾、安徽、广东、山东、浙江、湖北、上海、福建、重庆、广西、江西、湖南、贵州、四川、云南、河南、陕西、辽宁、天津、甘肃和吉林等省(自治区、直辖市)发生危害。值得注意的是，自2018年以来，松材线虫病疫情在我国长江以南地区持续暴发，疫情由"点"向"面"发展的同时，"西进北扩"趋势明显。因此，松材线虫病疫情防控工作已然成为我国林业有害生物防控中的重大科技难题。

　　本书在全面回顾中国1982—2023年松材线虫病疫情发生危害特征的基础上，以三峡库区东端夷陵区马尾松林生态系统为典型案例，重点评估了松材线虫入侵对夷陵区内马尾松林生态系统的干扰强度，探索了松材线虫病发病规律与发病年份气象因子之间的关系，测量了感染松材线虫病不同阶段马尾松树的光合特性和资源利用效率的变化，分析了感染松材线虫病的马尾松树径级、龄级变化情况，以及感病不同年限马尾松林生态系统内植物物种多样性、植物群落结构与生态系统生物量、碳储量和氮储量的变化规律。最终本书从马尾松个体、植物群落和松林生态系统三个层次上，明确了松材线虫入侵对马尾松林生态系统结构与功能的影响。同时，本书结合松材线虫病及其媒介昆虫最新的发生点数据和气候数据，进行了基于媒介昆虫介导的松材线虫病在中国的适生区的预测和分析，明确了当前和未来气候条件下松材线虫病、松墨天牛及云杉花墨天牛在中国的分布格局特征及相关限制因子。本书的研究结果不仅可为林业基层人员针对松材线虫病及其媒介昆虫在国内的有效防控提供一定理论和技术依据，同时亦可为高校和科研单位从事森林有害生物相关研究提供一定理论参考。

　　本书在编写过程中，得到了很多专家学者的大力支持。特别感谢北京林业大学林学院石娟教授和陶静教授在本书撰写、审稿过程中提出的宝贵建议和给予的大力支

1

持；另外，我的硕士研究生刘磊、范世明、董江海、郑文芳也参与了本书的撰写、校稿等过程。在此，对他们的支持和帮助表示衷心的感谢。

本书得到了国家自然科学基金项目（32401594）、山西省回国留学人员科研资助项目（2023-087）和山西省应用基础研究计划青年科技研究基金（20210302124062）提供的技术和资金支持。同时，由于作者水平有限，在编写过程中所存在的疏漏和不当之处，也恳切希望各位专家学者、林业工作者及广大读者们提出宝贵意见和建议，不胜感激。

著　者

2024 年 9 月

目 录

1 绪　论

1.1　松材线虫病及其侵染循环

松材线虫 *Bursaphelenchus xylophilus*(Steiner & Buhrer) Nickle 可导致松树发生松材线虫病，是我国重大的外来入侵物种，已被我国列入对内、对外重要的森林植物检疫对象(潘宏阳等，2009)。松材线虫起源于北美大陆地区(美国、加拿大和墨西哥)，在其原产地与寄主树种、媒介昆虫以及自然天敌之间形成了稳定、复杂的动态平衡生态系统(Dropkin，1981；Bergdahl，1988)。因此，松材线虫病在北美大陆虽然广泛发生与存在，但对寄主松树并没有引起严重的危害。当松材线虫传入新的生态系统后，往往缺乏自然天敌对其限制，导致松材线虫病在亚洲(日本、中国、韩国)、欧洲(葡萄牙和西班牙)等国家蔓延成灾，给当地松林生态系统带来了巨大的经济损失和生态灾难，其中尤以日本、韩国和中国受害最为严重。

我国于 1982 年 9 月在南京中山陵 40 株 30~60 年生的黑松(*Pinus thunbergii* Parl.)上首次发现松材线虫病(程瑚瑞等，1983)，黑松的针叶从开始变色到死亡大约持续了 30 天，发病非常迅速。随后 40 余年时间，松材线虫病又相继在我国台湾(1983)、安徽(1988)、广东(1988)、山东(1990)、浙江(1991)、湖北(1999)、上海(2000)、福建(2001)、重庆(2001)、广西(2001)、江西(2003)、湖南(2003)、贵州(2003)、四川(2004)、云南(2004)、河南(2009)、陕西(2009)、辽宁(2016)、天津(2018)、甘肃(2021)和吉林(2021)发生危害。值得注意的是，自 2018 年以来，松材线虫病疫情在我国长江以南地区持续暴发，疫情由"点"向"面"发展的同时，"西进北扩"趋势明显。此外，由于松材线虫病是一个极其复杂的病害侵染循环，包括病原松材线虫、媒介天牛自然传播、人为活动远距离传播、寄主松树和环境因子(柴希民和蒋平，2003；杨宝君等，2003；Zhao et al. 2008；Gao et al.，2019)，与传统的林木病害存在较大的差异，其防治难度非常大，截至目前依旧没有一种经济、实用、有效的防治手段。目前，松材线虫病给我国丰富的松林资源带来了严重的危害与损失，同时对松林生态系统环境也构成了严重的威胁。松材线虫病疫情防控工作已然成为我国林业有害生物防控中的重大科技难题(杨忠岐和王小艺，2018；理永霞和张星耀，2018；封小慧和孙江华，2022；理永霞等，2022；叶建仁和吴小琴，2022；张彦龙等，2022；宗世祥和毕浩杰，2022)。

松材线虫病的侵染循环可分为繁殖期和传播期两个阶段，要经历寄主松树和媒介昆虫两种生物。松材线虫的个体发育要经过卵、幼虫和成虫 3 个阶段。在适宜的生态环境条件下，松材线虫会进入繁殖期，个体发育过程中会连续重复地出现卵、1~4 龄幼虫（L_1、L_2、L_3、L_4）和成虫，发育后的成虫随即会进行交配、产卵，导致其种群密度不断增大，处于繁殖期的松材线虫世代重叠也比较明显（柴希民和蒋平，2003）。每年 11 月至第二年 6 月为松材线虫的传播期，与繁殖期松材线虫 3 龄和 4 龄幼虫不同，传播期松材线虫 3 龄和 4 龄幼虫在生化生理组成和形态结构上发生了显著的变异（Zhao et al.，2008）。从 11 月开始，传播期 3 龄幼虫会被寄主松树和媒介昆虫产生的挥发性物质引诱聚集在媒介昆虫的蛹室和蛀道周围，传播期 3 龄幼虫会蜕皮成为耐干旱、适宜媒介昆虫墨天牛属携带传播的 4 龄幼虫。在媒介昆虫羽化前，传播期 4 龄幼虫会转移至天牛体内气管中。在中国，每年 5—7 月，羽化后的松墨天牛会携带着松材线虫飞出感病的寄主松树，当其在健康松树上进行取食补充营养时，传播期 4 龄幼虫会从媒介昆虫松墨天牛体内气管中释放出来，顺着媒介昆虫取食寄主松树造成的"伤口"进入寄主松树的树脂道内（杨宝君等，2003），继而在寄主松树体内进行取食、扩散，破坏上皮细胞和薄壁细胞，松材线虫 4 龄幼虫生殖腺发育成熟后，会蜕皮成为成虫，并快速完成交配、产卵等过程，此阶段的松材线虫开始进入繁殖期。

国内外学者对松材线虫病及其媒介昆虫的生物生理学特性及扩散规律、病害的防治原理及控制方法等都进行了非常系统的研究。在松材线虫致病病原的研究上，主要集中于松材线虫病的快速检测，以及通过科学、微观的手段来证实松材线虫病的传播途径。在媒介昆虫的研究上，主要集中在生物学特性及其在不同寄主森林里的虫口密度、种群动态、适生区预测等方面。在松材线虫病病害发生因子的研究中，主要集中在影响松材线虫、媒介昆虫和寄主生长及发育的环境因子和气候因子方面，但对发生区域海拔、坡位、坡向等地形因子及大气污染指数等环境因子的研究相对较少。此外，还有学者对松材线虫和拟松材线虫（*B. mucronatus*）作了形态、致病性、酶谱、分子标记及遗传多样性等研究，详细阐述了两者的差异（陈凤毛等，2006）。在松材线虫病的检疫和监测研究方面，也取得了不少成果，目前分子生物学技术、生物化学及电学技术、快速检测试剂盒技术等新型技术也广泛地应用到松材线虫病的快速检测上来，这为早期预警和尽早发现松材线虫病疫情提供了科学的理论依据。

国内外学者先后从病原松材线虫的防治、媒介昆虫的防治、提高寄主抗病性、改造林分等方面较为深入、系统地分析研究了松材线虫病的综合防治及治理。由于松材线虫病侵染循环及扩散传播的特殊性和复杂性，国内外暂时还没有针对松材线虫病的防治及治理行之有效的方法。目前，我国科研人员主要从人为控制、基因控制和生态控制 3 个方面来开展松材线虫病的防治工作。我国目前有两类松材线虫的天敌生物正在试用中，一类是媒介昆虫松墨天牛体内的病原物，其中包括真菌、细菌和线虫，在死亡的松墨天牛上发现了 8 种真菌和 2 种细菌，其中球孢白僵菌（*Beauveria bassiana*）对松墨天牛的致病性最强（孙绪艮，2001）。斯氏线虫（*Steinernema feltiae*）具有自己寻找寄主的能力，可以引起感病松树内松墨天牛幼虫的死亡率达到 80% 以上。在天牛体内还存在一类可以寄生于松墨天牛的生殖器官中的天牛寄生线虫，寄生成功后主要破坏天牛的精巢和卵巢，导致其不能正常繁育后代。此类寄生线虫发现很早，但直到 2003 年才研究清楚其生活史和生长发育规律(杨振德和赵博光，2003)。

依据松材线虫种群的空间结构，对松材线虫的传播、扩散实施动态监测，也是各国科研工作者研究的热点问题。种群的空间结构反映了某一特定的种群个体在某一时刻的行为习性及外界环境因子的综合影响，同时还包括物种选择栖息环境的内禀特征和空间结构的异质性程度，它也是种群生态学重要内容之一。通过对松材线虫种群空间结构动态的研究，有助于揭示物种间的联系及物种对环境的适应性，更有助于研究松材线虫在中国的扩散、蔓延规律。潘宏阳等在 2009 年用半变异函数模型分析了松材线虫病在中国扩散的空间动态格局，研究结果表明：松材线虫病在我国发生与扩散具有明显的区域聚集特征，全国范围内松材线虫病发生疫点分布的空间半变异函数均为球形模型，不同区域松材线虫病疫点在空间格局上呈聚集分布，它们之间存在不同程度的依赖性(潘宏阳等，2009)。

1.2 中国松材线虫病疫情概况

松材线虫病是由松材线虫引起的全球森林生态系统中最具危险性和毁灭性的森林病害，具有极强的扩散性和破坏性。自 1982 年我国江苏省南京市发现松材线虫病以来，在短短 40 余年，已在我国 21 个省份扩散传播，累计致死松树数十亿株，造成的直接和间接经济损失上千亿元，成为我国近几十年最为严重的森林病害。据国家林业和草原局 2024 年第 4 号公告显示，全国共有 19 个省(自治区、直辖市)的 701 个县级行政区被划定为松材线虫病疫区。

1982 年，在我国江苏省南京市首次发现松材线虫病，1988—1991 年该病又在安徽、浙江、山东、广东 4 省出现。1991—1998 年，疫情已经蔓延至江苏、安徽、广东、浙江、山东 5 省 53 个县(区)(董瀛谦，2022)。此后，松材线虫病疫区数量迅速上升，到 2008 年，该病已扩散至江苏、安徽、山东、浙江、福建、江西、湖北、湖南、广东、广西、重庆、四川、贵州、云南等 14 个省(自治区、直辖市)192 个县(市、区)，省级疫区和县级疫区数量出现第一个高峰(图 1-1)。2009 年，河南和陕西省先后发生松材线虫病疫情。2011—2012 年，松材线虫病省级疫区和县级疫区数量有短暂下降，到 2017 年有 16 个省(自治区、直辖市)和 312 个县出现松材线虫病疫情。2018 年后，松材线虫病疫区数量呈爆发式增长(图 1-1)，疫情扩散至我国 18 个省(自治区、直辖市)的 588 个县(市、区)，较 2017 年县级疫情发生区增加了 276 个。此后，松材线虫病县级疫区数量依旧持续上升，到 2021 年，全国共有 19 个省(自治区、直辖市)742 个县(市、区)发生松材线虫病疫情。2022—2023 年，松材线虫病县级疫区数量出现一定的下降趋势，分别为 737 个和 701 个(图 1-1)。

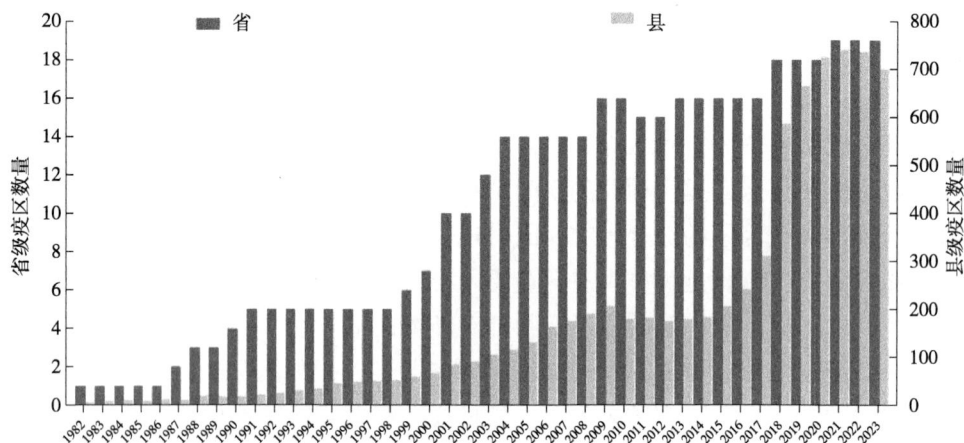

图 1-1   1982—2023 年全国松材线虫病省级和县级疫区数量变化

1.3   中国松材线虫病疫情危害特征分析

自松材线虫病入侵我国 42 年来，松材线虫病发病面积和寄主植物病死株数整体呈现"前缓后急"的增长趋势(图 1-2)。1982—1997 年，我国松材线虫病疫情呈缓慢上升趋势，其中病死株数和发病面积亦同步表现出逐年缓步增加趋势；1998—2002 年，我国松材线虫病发病面积和寄主植物病死株数达到了第一个历史高峰，其中发病面积达到了 8.75 万 hm^2，寄主植物病死数量达到了 570 万株。随后几年，我国松材线虫病疫情得到了一定的控制，病死株数和发病面积均呈现不同程度的减少，到 2013 年时，松材线虫病死树数量为 41.83 万株，发病面积为 3.84 万 hm^2。但 2018 年后，松材线虫病死树数量和发病面积呈

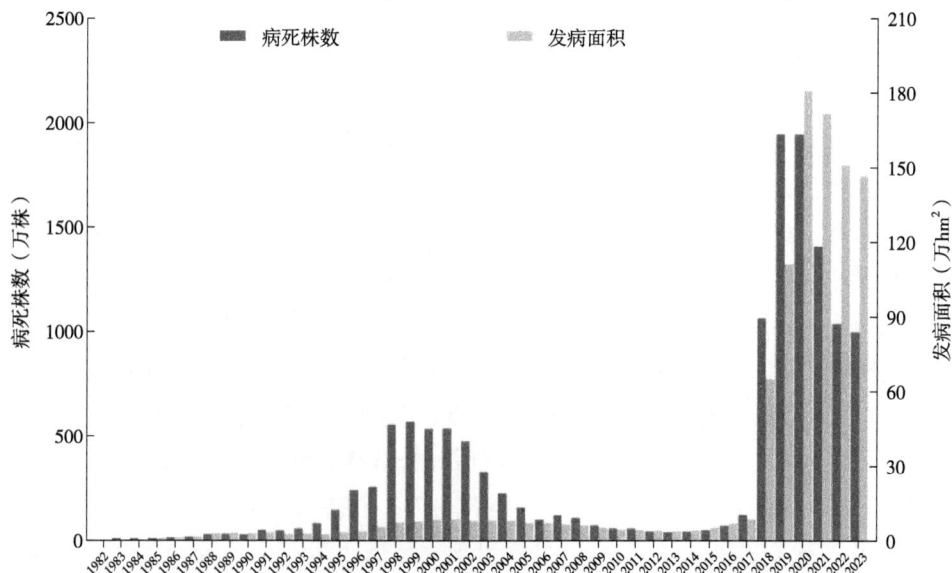

图 1-2   1982—2023 年全国松材线虫病发病面积和病死树数量

暴发式增长，又达到了一个新的顶峰，其中病死树数量达到 1066 万株，发病面积达到 64.93 万 hm^2。较 2017 年，病死树数量增加 752.25%，发病面积增加 650.45%。2020 年是我国松材线虫病发生以来疫情最严重的年份，病死树数量和发病面积分别为 1947.03 万株和 180.92 万 hm^2。随后几年，松材线虫病死树数量和发病面积开始有所下降，到 2023 年时，我国松材线虫病死树数量约为 1000 万株，发病面积约为 146.97 万 hm^2。

1.4 中国松材线虫病疫情时空变化特征

表 1-1 是我国各省份疫区首次发现松材线虫病的时间及发生地区。1982 年，在江苏省南京市中山陵黑松林中发现松材线虫病，这是我国大陆地区首次发现松材线虫病入侵，随后几年病害主要在南京周边地区扩散（程瑚瑞等，1983；叶建仁，2019）。1983年，在中国台湾省台北县发生松材线虫病（杨宝君，2003）。1988 年 7 月，深圳市沙头角一带发现松材线虫病，这是继南京市疫区之后的我国松材线虫病第二个疫区（黄焕华，1990）。同年，安徽省马鞍山市和县和滁州市嘉山县（现今的安徽省明光市）发生松材线虫病疫情（周健生，1997）。1990 年 9 月，在山东省烟台市长岛县（已撤销）黑松林内发现松材线虫病（贺长洋和王成法，1999；刘会香，2009）。1991 年 9 月，浙江省宁波市象山县出现由松材线虫引起的大量松树死亡（翟建中，1992；李兰英，2009）。1992 年，中国大陆有 5 省 8 市（江苏、安徽、浙江、山东、广东）发生松材线虫病疫情。1999 年春，湖北省恩施土家族苗族自治州凤凰山森林公园发现零星病死松树，后经鉴定确认为松材线虫病病害（彭诚，2002）。松材线虫病于 2000 年传入上海，2001 年时分别在福建省厦门市（黄金水，2010）、重庆市长寿区江南镇（现今的江南街道）以及广西壮族自治区桂林市灵川县、永福县、叠彩区、秀峰区和河池市发现松材线虫病（韦春义，2011）。2003 年松材线虫病先后传入湖南省、江西省赣州市章贡区、贵州省贵阳市小河区（吴丽君，2020）。2004 年传入四川省、云南省德宏傣族景颇族自治州瑞丽市。2009 年分别在陕西省商洛市柞水县、汉中市略阳县及西乡县以及河南省信阳市新县发现松材线虫病疫情（刘伶利，2020）。2016 年秋季，在辽宁省大连市沙河口区发现松材线虫病疫情（郑雅楠等，2021），2018 年 4 月，在天津市蓟州区首次发现松材线虫病。2021 年，甘肃省陇南市康县，吉林省通化市东昌区、延边朝鲜族自治州汪清县被确认为松材线虫病疫区。

表 1-1 各省（市、自治区）首次发现松材线虫病疫情时间、地区

时间	省份	地区
1982 年	江苏省	江苏省南京市中山陵
1983 年	台湾省	台湾省台北县
1988 年	广东省、安徽省	广东省深圳市沙头角 安徽省马鞍山市和县、滁州市嘉山县

（续）

时间	省份	地区
1990 年	山东省	烟台市长岛县
1991 年	浙江省	宁波市象山县
1999 年	湖北省	恩施土家族苗族自治州
2000 年	上海	
2001 年	福建省、重庆市、广西壮族自治区	福建省厦门市 重庆市长寿区江南镇 广西壮族自治区桂林市灵川县、永福县、叠彩区、秀峰区和河池市
2003 年	湖南省、江西省、贵州省	湖南省郴州市苏仙区、北湖区和益阳市资阳区、沅江市及常德市汉寿县 江西省赣州市章贡区 贵州省贵阳市小河区
2004 年	四川省、云南省	云南省德宏傣族景颇族自治州瑞丽市
2009 年	陕西省、河南省	陕西省商洛市柞水县、汉中市略阳县及西乡县 河南省新县
2016 年	辽宁省	大连市沙河口区
2018 年	天津市	蓟州区
2021 年	甘肃省、吉林省	甘肃省陇南市康县 吉林省通化市东昌区、延边朝鲜族自治州汪清县

20 世纪 80—90 年代，松材线虫病主要发生在我国经济贸易较为发达的江苏、广东、浙江、安徽、湖北等华东和中南沿海地区，之后以这两个地区为中心逐步向外扩散至中南、华东、西南、西北地区（董瀛谦，2022）。21 世纪初，福建、重庆、广西相继发现了疫情，2009 年，疫情已扩散至西北地区的陕西省和河南省，2016 年，疫情首次"跳跃式"入侵我国东北地区的辽宁省，2021 年，松材线虫病入侵至我国东北地区的吉林省、西北地区的甘肃省，呈现出明显地向东北地区和西北地区扩散态势。

2018 年以前，我国松材线虫病县级疫区呈现"沿海地区片状分布，内陆块状和点状分布"状态。2018 年时，松材线虫病新增县级疫区主要集中在湖南、湖北、广西、江西、四川、陕西和辽宁，其中陕西和辽宁新增均为 13 个县级疫区，而华南、华中和华东地区新增县级疫区未超过 10 个（图 1-3），疫情新发生区呈现向西北、东北地区移动态势。2019 年，全国新增县级疫区数量暴发式增加，共计 208 个，其中安徽、浙江、湖北、湖南、江西、四川新增加县级疫区均超过 20 个，安徽 30 个，浙江 21 个，湖北 54 个，湖南 39 个，江西 38 个，四川 20 个。2020 年，全国新增 89 个县级疫区，浙江、湖南、江西新增数量最多，分别为 18 个、16 个、17 个，新增疫区数量呈现下降趋势。2021 年，全国新增 63

个县级疫区，广东、福建、广西新增数量最多，分别为 16 个、17 个、11 个。2022—2023 年全国新增县级疫区数量大幅下降，2022 年全国新增县级疫区 22 个，2023 年新增县级疫区数量下降至 7 个。

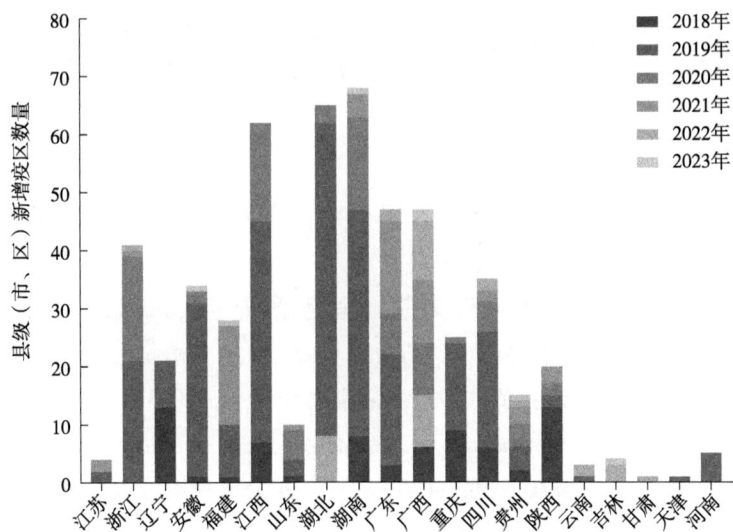

图 1-3　2018—2023 年全国各省松材线虫病新增疫区统计

2 松材线虫入侵对松林生态系统的影响

2.1 引言

在自然条件下，松材线虫主要侵染危害马尾松(*P. massoniana* Lamb.)、黑松、赤松(*P. densiflora* Sieb. et Zucc.)、湿地松(*P. elliottii*)等 78 种松属植物和冷杉属、落叶松属、云杉属等 8 种其他属针叶树种(朱克恭，1995；柴希民和蒋平，2003)。此外，在人工接种条件下，樟子松(*P. sylvestris* var. *mongolica* Litv.)、油松(*Pinus tabulaeformis* Carr.)、日本冷杉(*Abies firma*)、红松(*P. koraiensis* Sieb. et Zucc.)等 14 个树种均可成功感染松材线虫病。

马尾松是我国亚热带地区主要的针叶树种，广泛分布于我国南方 19 个省(自治区、直辖市)，累积栽种面积高达 $1.42 \times 10^7 \mathrm{hm}^2$(柴希民和蒋平，2003；田大伦，2005；徐福元等，2011)，占我国松林总面积的 43% 左右。马尾松对生长环境适应性强且耐干旱与瘠薄的土壤，是环境较差地带主要的造林先锋树种，同时马尾松也是三峡库区主要的乡土树种和绿化造林树种。在自然条件下，马尾松是松材线虫的媒介昆虫松墨天牛成虫最喜欢取食的树种之一，松墨天牛成虫通过在马尾松上取食补充营养，使其在短时间内发生松材线虫病而快速死亡(杨宝君等，2003)。在中国，马尾松是自然条件下遭受松材线虫病危害最为严重的树种之一(王壮，2012)。近些年来，在我国浙江、江苏、湖北、安徽、广东等地区，马尾松是松材线虫病主要侵染危害的树种(魏永成，2016)。据本课题组实际调查，湖北省宜昌市夷陵区遭受松材线虫病危害最为严重的树种就是马尾松树，仅 2006—2013 年因松材线虫病而致死的马尾松树就高达 403702 株，当地的马尾松资源造成的经济损失和生态损失无可估量。

自然界中，每个物种都局限在特定的生存环境内，这主要是由天敌控制、地理隔离以及资源局限等因素决定的(Keaneand Crawley，2002；吴昊和丁建清，2014)。随着国际贸易交流日益频繁，一些本土物种被直接或间接引入新的生态系统中，而它们作为一种外来干扰机制，必然会对新生态系统的生产力、营养物质循环、水文系统、物种多样性、信息传递等功能产生影响(Lovett et al.，2006；Ding et al.，2008；Westphal et al.，2008)。松材线虫侵染危害健康的松林生态系统是一种自然的干扰现象，通过伐除感病生态系统内病死木等保护措施从而阻止松材线虫病疫情扩散属于人为干扰因素(徐华潮和骆有庆，2013)。

近些年来，入侵生态学逐渐成为科研工作者针对外来入侵物种研究的热点问题，其中，外来物种入侵对当地生态系统物种多样性影响的研究是重中之重(Losure et al.，

2007)。植物物种多样性指的是生态系统内植物群落结构在物种水平上的生物多样性，它反映了生态系统内植物群落的功能、稳定性和生产力状况，同时也是现代群落生态学研究的中心课题之一（付必谦等，2006）。Elton 在 1958 年提出了关于生态系统入侵性与物种多样性之间关系的"物种丰富度假说"：物种多样性较高的森林生态系统对外来入侵物种有较强的抵御能力，物种多样性相对贫乏的生态系统会增加外来物种入侵成功的可能性（Elton，1958）。持相反看法的研究者认为物种多样性较高的森林生态系统易遭受外来物种的入侵，主要是因为生态系统内每个物种对环境的贡献率不同，在物种多样性较高的生态系统中易发生小范围内的环境异质性，导致生态系统内各组分对外来物种抵抗力不同，从而增加了外来物种入侵成功的可能性（Davis et al.，2000）。

林业外来生物入侵特定森林生态系统后，可显著改变生态系统植物群落结构组成并加快群落演替速度（Castello et al.，1995；Spiegel and Leege，2013）。在亚热带地区，森林生态系统内植物群落演替序列为：灌丛→针叶纯林→以针叶树种为主的针阔混交林→以阔叶树种为主的针阔混交林→落叶阔叶林→常绿阔叶林（王壮，2012）。当松材线虫成功入侵特定松林生态系统后，会改变系统内不同层次群落物种的组成，并会显著影响各物种的空间结构分布（徐学红，2005；Gao et al.，2015）。吴蓉等（2005）研究报道，在内陆生境条件下，遭受松材线虫危害后的马尾松林生态系统，乔木层植被群落并未向灌丛方向退化，相反，其植物种类和多样性均有较大程度的增加。石娟等通过对比分析遭受松材线虫病危害前后马尾松林生态系统内主要植物物种的生态位指标，研究结果发现：松材线虫入侵马尾松纯林生态系统后，可导致系统内树种向针阔混交林和阔叶林方向演替（石娟等，2006；石娟等，2007）。

在自然条件下，松材线虫侵染危害健康的松林生态系统后，会对系统内松林资源造成严重损失，对生态系统造成严重的破坏，但是随着生态系统的持续演替和自然恢复，系统内植物群落的种类和物种多样性均会显著增加，松林生态系统会朝着更高级的方向演替和发展（徐华潮和骆有庆，2010）。一般而言，演替而成的新森林生态系统结构往往会更加稳定，具有较强抵抗森林病虫害侵染危害的能力（Humphrey et al.，1999；Hambäck et al.，2000；Jobidon et al.，2004；Li et al.，2012）。截至目前，当松材线虫侵染危害健康松林生态系统后，国内外仍未有理想、高效地防治松材线虫病的方法，一般采取伐除受害木这一措施来阻止松材线虫进一步传播扩散。针对林分密度较大、树种较为单一的松林生态系统，伐除受害木这一措施有利于提高松林生态系统内植物群落物种多样性，亦会增加未受害马尾松和其余树种的年生长量，从而提高松林生态系统结构与功能的稳定性和可塑性，加快松林生态系统向阔叶林生态系统演替的速度（徐华潮，2010）。

本章节以三峡库区腹地夷陵区内正在猖獗危害的松材线虫为主要研究对象，选择在自然条件下受松材线虫入侵危害的马尾松林生态系统（健康、感病 1 年、感病 3 年、感病 5 年、感病 7 年），重点评估松材线虫病对马尾松林生态系统的干扰强度，同时以马尾松个体、植物群落结构和马尾松林生态系统的变化为切入点，解析松材线虫入侵对健康马尾松林生态系统结构与功能的影响，为生态系统物种多样性和结构多样性对以重大森林病虫害生态调控为核心的可持续控制提供理论依据。

2.2 材料与方法

2.2.1 研究区域自然地理概况

水至此而夷，山至此而陵，人至此而喜。夷陵区位于鄂西山区向江汉平原的过渡地带、长江中上游结合部的西陵峡畔两岸，地理坐标为东经110°51′8″~111°39′30″、北纬30°32′33″~31°28′30″，土地总面积约为3424km²，举世瞩目的三峡大坝和葛洲坝水利工程均在境内，素有"三峡门户"之称。夷陵区地处大巴山余脉，境内有山地、丘陵、河谷等多种地貌，属中亚热带季风气候区。全区年均降水量为997~1370mm，年均气温16.6℃以上，≥10℃的年积温为5408℃，无霜期278天。

夷陵区内森林植被覆盖率约为68.73%，林业用地为2.68×10⁵hm²，活立木蓄积量为9.11×10⁶m³。区内森林植物种类繁多，兼有中亚热带常绿阔叶林、北亚热带常绿阔叶、落叶阔叶与常绿针叶混交林等多种类型的植物结构，乔木树种以马尾松、樟科（Lauraceae）、冬青科（Aquifoliaceae）等树种为主。

2.2.2 研究区域松材线虫病发生概况

2006年，夷陵区首次发现松材线虫病的危害，当年全区内有29110株马尾松因感染松材线虫病而致死，危害面积高达3847hm²，涉及全区11个乡镇（街道）的99个村176个林班和945个小班（表2-1）。2007年，夷陵区内松材线虫病的危害进一步加剧，全区内有30031株马尾松死亡，危害面积高达10899hm²。2008—2010年，夷陵区内松材线虫病危害面积略有下降。2011—2013年，夷陵区内松材线虫病的危害程度又进入了一个新的大暴发时期。

表2-1 夷陵区松材线虫病疫情年度普查统计

调查年度	发病林班个数（个）	发病小班数（个）	马尾松病死总株数（株）	危害面积（hm²）
2006	176	945	29110	3847
2007	135	596	30031	10899
2008	113	505	16823	4627
2009	164	844	11546	4120
2010	113	385	11294	4033
2011	150	412	40364	5120
2012	125	642	142930	7447
2013	108	508	121604	6727.57
2014	145	840	108424	7040
2015	152	896	198529	6680
2016	155	781	173109	5513.33

（续）

调查年度	发病林班个数 （个）	发病小班数 （个）	马尾松病死总株数 （株）	危害面积 （hm²）
2017	153	809	152858	10760
2018	176	968	201584	11580

2.2.3　标准地概况

2012 年 6 月，课题组对夷陵区内松材线虫病的发病情况和马尾松林生态系统的受害和恢复情况进行了充分、全面的踏查。踏查时发现，研究区域内马尾松林生态系统起源基本一致，均为 20 世纪 70 年代飞播的马尾松林。夷陵区自 2006 年首次发现松材线虫病以来，当地林业部门每年都会对松材线虫病疫木进行伐除、清理，并记载发病林地的详细情况。由于当地林业部门每年会伐除、清理松材线虫病受害疫木，最终导致感染松材线虫病不同年限松林生态系统内遭受松材线虫病的累计危害程度、树种组成、生物多样性等林分指标会有较大的差异。

基于研究区域松材线虫病疫情踏查时的具体情况和获得的当地林业清查数据，本研究根据立地环境基本一致的原则，采用"时空互换法"，按照马尾松林生态系统感染松材线虫病年限的不同，把研究样地分为五种类型，即 ST0（健康）、ST1（感病 1 年）、ST3（感病 3 年）、ST5（感病 5 年）和 ST7（感病 7 年）。其中，ST0 为对照林分，未遭受松材线虫病的危害；ST1、ST3、ST5 和 ST7 分别感染松材线虫病 1、3、5、7 年（2012 年），平均每公顷包含感病马尾松的株数分别为 267、433、667 和 850 株。此外，每个类型马尾松林生态系统设置 3 个重复林分，每个林分设置 3 个重复样地（生态系统起源及坡度、坡向、土壤类型等立地条件尽量相似），样地大小均为 15m×15m，同一类型生态系统各样地之间及样地与林缘之间的距离至少在 50m 以上，样地详情见表 2-2。

表 2-2　夷陵区感染松材线虫病不同年限的马尾松林生态系统概况

类型	林分编号	感病马尾松株数 （100m²）	海拔 （m）	坡度 （°）	林分密度 （株·hm²）	平均 DBH （cm）	胸高断面积 （m²·hm⁻²）
ST0	1	0	125.00±6.39	21.00±2.78	2144±205.58	7.93±1.26	12.55±2.41
	2		110.67±7.95	25.00±3.24	1622±174.62	7.54±1.41	8.09±2.26
	3		188.67±4.37	26.67±2.15	1800±265.11	9.60±2.42	15.33±3.47
ST1	4	2.67	172.33±7.32	17.33±4.16	1567±226.90	8.50±1.51	11.18±3.18
	5		294.33±4.96	23.00±3.78	1556±271.05	8.67±1.77	10.74±2.34
	6		169.00±3.90	15.67±4.63	1288±219.06	10.94±2.12	14.88±4.16
ST3	7	4.33	234.33±3.20	17.33±7.76	1267±289.17	9.62±2.72	11.91±3.93
	8		201.00±10.39	32.33±6.33	1400±243.77	10.21±3.42	13.70±4.65
	9		208.00±4.52	21.67±4.38	1245±155.56	8.57±2.26	9.49±2.74

（续）

类型	林分编号	感病马尾松株数（100m²）	海拔（m）	坡度（°）	林分密度（株·hm²）	平均DBH（cm）	胸高断面积（m²·hm⁻²）
ST5	10	6.67	197.67±7.89	15.00±5.57	1211±281.38	13.33±3.45	26.42±8.65
	11		278.00±9.30	22.67±4.25	1222±162.49	10.39±2.27	13.69±4.73
	12		220.00±14.42	26.67±625	1134±145.01	7.11±2.10	5.92±192
ST7	13	8.50	217.33±9.84	17.33±4.51	1011±170.03	11.42±2.35	15.48±4.45
	14		186.00±12.39	13.33±5.78	967±203.77	11.32±1.99	15.22±5.53
	15		267.00±4.39	22.33±2.65	911±172.86	13.73±2.93	19.74±6.24

2.2.4 野外数据采集

采用"典型样方法"对研究区域马尾松林生态系统内的植被结构进行调查。采用"每木检尺法"，调查样地内的马尾松树（DBH≥2.5cm），并记录其名称、胸径、树高和冠幅指标。每个类型马尾松林生态系统内分别选取15棵生长状况良好的马尾松树，利用生长锥钻取其在1.3m树高处的年轮条，并记录对应树的地径和胸径。将所获得的年轮条带回实验室内进行打磨，利用肉眼或者显微镜观测该树的年龄。

同时，采用"五点取样法"在样地中心和四周共设置5个大小为5m×5m的亚样方进行灌木层植物群落调查，并在其顶点设置4个1m×1m的小样方进行草本层植物群落调查，分别记录灌木、草本植物的名称、株数、高度、盖度等指标。此外，调查林分内马尾松树遭受松材线虫病危害状况及郁闭度等指标，并测定样地的海拔、坡度、郁闭度以及马尾松伐桩数、土壤理化性质等19个生态系统环境因子指标。

2.2.5 数据分析

2.2.5.1 马尾松胸径（DBH）和树龄之间关系

本研究建立了夷陵区感染松材线虫病不同年限马尾松林生态系统内马尾松地径、DBH和树龄三者之间的线性回归方程，且每个拟合方程均具有较高的可信度，详情如下：

$$\text{DBH}(Y)\text{和地径}(x)：Y=0.828x-1.341 \quad R=0.984 \tag{2-1}$$

$$\text{树龄}(Y)\text{和地径}(x)：Y=1.116x+1.061 \quad R=0.912 \tag{2-2}$$

$$\text{树龄}(Y)\text{和DBH}(x)：Y=1.339x+2.934 \quad R=0.920 \tag{2-3}$$

因此，本研究可以根据感病马尾松林生态系统内马尾松伐桩（因松材线虫病致死而被砍伐的马尾松木桩）的地径，通过公式（2-1）和公式（2-2），计算其对应DBH和树龄；亦可以用健康马尾松树的DBH，通过公式（2-3），计算其对应树龄。

2.2.5.2 马尾松胸高断面积和单株立木蓄积量

本研究分析了感染松材线虫病不同年限马尾松林生态系统内马尾松胸高断面积和林分蓄积量的变化。其中，单株马尾松胸高断面积和林分蓄积量的计算公式如下：

$$g_{1.3} = \pi D^2/4 \tag{2-4}$$

$$M = g_{1.3}(h+3)fa \tag{2-5}$$

式中，$g_{1.3}(m^2 \cdot hm^{-2})$ 为每公顷马尾松林生态系统内马尾松在 1.3m 处的胸高断面积；$D(cm)$ 为马尾松树干胸高处直径；$M(m^3 \cdot hm^{-2})$ 为每公顷马尾松林生态系统内马尾松树的蓄积量；$h(m)$ 为马尾松树高；fa 为常数（0.39）。

2.2.5.3 植物物种多样性指数

计算感染松材线虫病不同年限马尾松林生态系统内乔木、灌木和草本层植物物种的丰富度（S）、Margalef 丰富度指数（D）、Shannon-Wiener 多样性指数（H）以及 Pielou 均匀度指数（J），计算公式如下：

$$S = 群落物种的数量 \tag{2-6}$$

$$D = (S-1)/\ln N \tag{2-7}$$

$$H = -\sum_{i=1}^{S} P_i \ln P_i \tag{2-8}$$

$$J = H/\ln S \tag{2-9}$$

式中，$i = 1, \cdots, S$；S 为生态系统内物种的数量；N 为全部物种的个体总数；P_i 为第 i 物种个体数占生态系统个体总数的比例。

2.2.5.4 松林生态系统内乔木层树种重要值

采用重要值（Importance value，IV）来衡量松林生态系统乔木层树种在感染松材线虫不同年限马尾松林生态系统中的优势度情况，重要值计算方法如下（方精云和李意德，2004；牛翠娟等，2007）：

$$乔木层树种重要值 = \frac{相对密度+相对频度+相对优势度}{300} \tag{2-10}$$

式中，相对密度 =（某个物种个体数/所有物种个体总数）×100；相对频度 =（某个物种样地内出现的次数/所有物种出现的总次数）×100；相对优势度 =（某个物种的胸高断面积/所有物种胸高断面积之和）×100。

2.2.5.5 松林生态系统内植物群落结构排序

本研究采用冗余分析来定量研究感染松材线虫病不同年限马尾松林生态系统内植物群落种群结构与环境变量的排序。植物物种矩阵数据主要包括，香樟（*Cinnamomum camphora*）、马尾松、槲栎（*Quercus aliena*）、栓皮栎（*Q. variabilis Blume*）、檵木（*Loropetalum chinensis*）、盐麸木（*Rhus chinensis*）、小叶朴（*Celtis bungeana*）、棕榈（*Trachycarpus fortunei*）、黄栌（*Cotinus coggygria*）、木姜子（*Litsea pangens*）、白檀（*Symplocos paniculata*）、火炬树（*Rhus typhina*）、黄檀（*Dalbergia hupeana*）、枸骨（*Ilex cornuta*）、山合欢（*Albizia kalkora*）、山矾（*Symplocos sumuntia*）。本研究选取了马尾松林生态系统内与植物种群密切相关的 19 个环境变量，主要包括：每个样地内马尾松伐桩数、样地的坡度、海拔、郁闭度以及土壤的理化性质等数据。进行冗余分析（RDA）时，首先对植物物种数据进行去趋势对应分析，得到最大的排序轴梯度长度为 1.45，因此，本研究选取基于线性模型的冗余分析来分析马尾松林生态系统内植物种群与环境因子之间的关系（Lepš and Šmilauer，2003）。其中，植物物种数据作为独立的反应变量，并对其进行对数转换。

2.2.5.6 数据的检验和统计

在 SPSS 系统中，采用单因素方差分析（one-way ANOVA）和最小显著差法（LSD）相结合，分析不同感病年限类型内表示马尾松生长指标的变化情况及感染松材线虫病不同年限马尾松林生态系统内乔木层、灌木层和草本层物种多样性指数的变化情况。当 $P<0.05$ 时，定义两个变量之间差异达到显著水平；当 $P<0.01$ 时，定义两个变量之间差异达到极显著水平。此外，采用基于线性模型的 RDA 分析方法进行植物物种数据与环境变量的排序分析。在进行 RDA 分析之前，环境变量的显著性需要经过 499 次的蒙特卡罗（Monte Carlo）检验。数据的统计分析与作图采用 Microsoft Excel 2010、SPSS 22.0、GraphPad Prism 6.0 和 CANOCO 5.0 软件来完成。

2.3 结果与分析

2.3.1 夷陵区松材线虫入侵干扰强度评估

森林病虫害是森林生态系统中最重要的一种生物干扰，它在森林生态系统的演替过程中发挥着重要的生态调控作用，甚至在某些特殊情形下可以加速或者改变生态系统的演替途径。1993 年，Turner 基于时间和空间两个维度，提出了一个预测生态系统动态发展的模型，用来评估某一干扰因子对该生态系统的干扰强度（Turner, et al., 1993）。该模型包括时间和空间两个指标，其中时间指标表示某一特定生物或者非生物干扰因子危害生态系统的时间间隔与生态系统恢复至成熟状态时间的比值，空间指标表示生态系统内干扰危害的面积与该生态系统总面积的比值。

本研究根据 Turner 提出的生态系统干扰评估模型，分析评估松材线虫病对研究区域马尾松林生态系统的干扰强度。松材线虫病一个完整的侵染循环（繁殖期和传播期）需要一年时间。因此，本研究假定松材线虫对马尾松林生态系统一次完整的干扰持续时间为 1 年；此外，一个完整的马尾松生态系统从遭受松材线虫病危害致死到最后发展成成熟稳定的生态系统至少需要 20 年。由此可知，本研究中关于松材线虫病干扰强度评估的时间参数 $T<0.05$。根据夷陵区林业局提供的林业调查数据，2005 年（松材线虫病发病前一年）当地马尾松林生态系统总面积约为 58669.6hm²；在 2006—2013 年，区内松材线虫病发病累积面积约为 46820.57hm²，占马尾松松林总面积的 79.80%。因此，本研究中关于松材线虫病干扰强度评估的空间参数 $S=0.798$。参考 Turner 提出的景观干扰强度分类图（图 2-1），本研究中松材线虫病对研究区域内马尾松林生态系统的干扰强度属于"生态系统崩溃型"：每一次松材线虫的干扰，可使一个完整、健康的马尾松林生态系统变成极不稳定的马尾松林生态系统；随着松材线虫病的持续干扰，研究区域内的马尾松林生态系统可能会完全崩溃。

事实上，夷陵区内自 2006 年首次在健康的马尾松上发现松材线虫病以来，每年都在遭受着松材线虫病的持续危害，且危害程度一直居高不下。本研究中的干扰强度评估表明，松材线虫病对健康马尾松林生态系统的干扰危害极大，每一次松材线虫病的干扰都可能对马尾松林生态系统带来致命的危害，对马尾松资源造成严重的破坏。

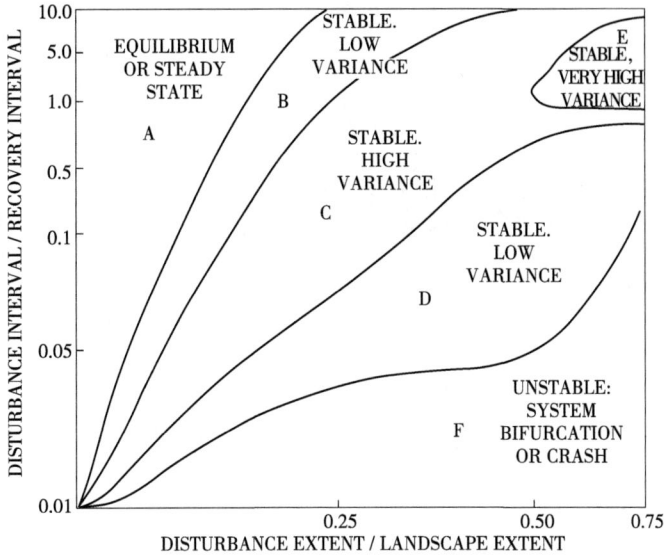

图 2-1 景观干扰强度分类图（引自 Turner，1993）

2.3.2 马尾松径级变化

由图 2-2 可知，本研究调查的所有马尾松径级均有感染松材线虫病而致死的马尾松，且各径级感病马尾松数量变化与健康马尾松数量及马尾松总数的变化趋势相似。感病马尾松在各个径级内所占比例存在一定的差异，其范围为 8.7%～24.05%（图 2-3）。其中，处于 2.5～17.5cm 径级马尾松所占比例较大，其范围为 18.7%～24.05%；当马尾松径级大于 22.51cm 时，感病马尾松所占比例不足 10%。

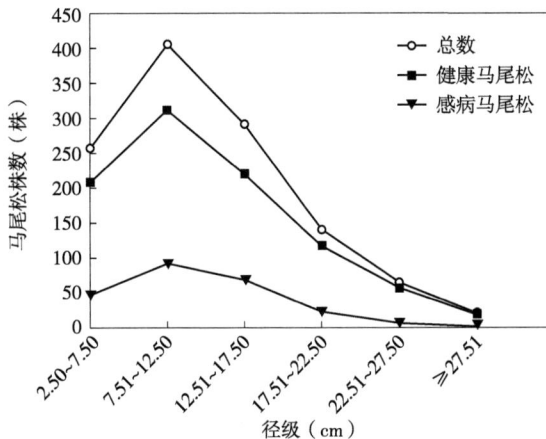

图 2-2 各径级健康与感病马尾松的数量分布

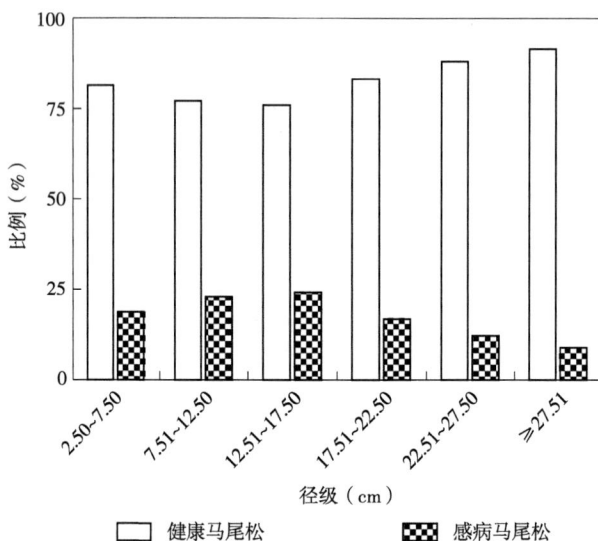

图 2-3 各径级健康与感病马尾松的比例分布

2.3.3 马尾松龄级变化

图 2-4 为所调查马尾松林生态系统内不同龄级健康与感病马尾松数量分布情况。由图可知，研究区域内，松材线虫病可危害并致死 5～40 年生的马尾松树，没有在>40 年生的马尾松树上发现松材线虫病的危害。由图 2-5 可知，研究区域内因松材线虫病危害致死的马尾松龄级主要集中在 5～20 年生；当龄级>20 年生后，随着龄级的增加，遭受松材线虫病危害马尾松的比例急剧下降。

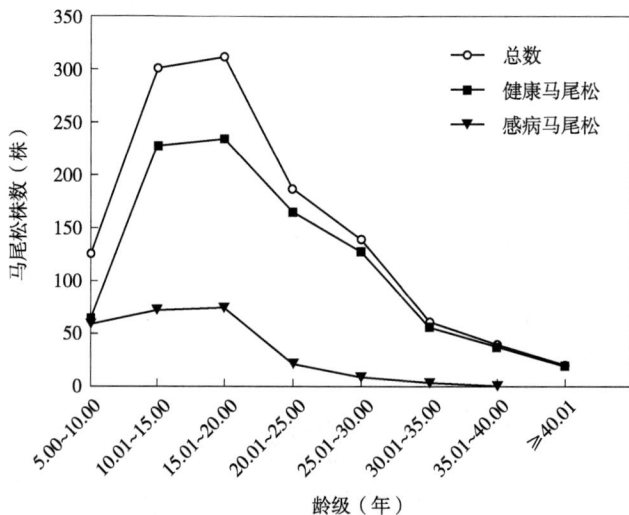

图 2-4 各龄级健康与感病马尾松的数量分布

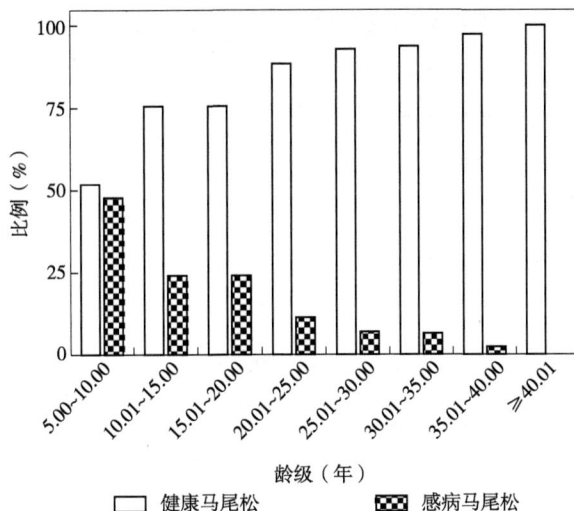

图 2-5　各龄级健康与感病马尾松的比例分布

2.3.4　马尾松生长参数变化

表 2-3 反映了感染松材线虫病不同年限马尾松林生态系统内马尾松树的生长指标变化情况。从表中可知，与健康马尾松林生态系统相比，感病林地内马尾松株数呈现急剧下降的变化趋势，各类型林地之间的差异达到极显著水平($F=6.99$，$P<0.01$)；随着感染松材线虫病年限的增加，马尾松林生态系统内马尾松树的胸径和树高均呈现增大趋势，它们之间的差异分别达到了显著($P<0.05$)和极显著水平($P<0.01$)。此外，各类型林地内，马尾松的胸高断面积和林分蓄积量均没有明显的变化趋势。

表 2-3　感染松材线虫病不同年限马尾松林生态系统内马尾松特征参数值

类型	株数（株）	胸径（cm）	树高（m）	胸高断面积（$m^2 \cdot hm^{-2}$）	林分蓄积量（$m^3 \cdot hm^{-2}$）
ST0	1303±174.62a	10.79±1.41a	8.44±0.21a	15.54±2.62a	69.20±10.42a
ST1	933±171.05ab	12.58±1.77ab	10.93±0.97b	13.57±1.34a	73.92±11.56a
ST3	704±243.77bc	13.83±0.42ab	10.49±0.47b	12.38±4.65a	65.30±15.12a
ST5	537±162.49bc	15.03±2.53bc	11.65±1.64b	11.96±4.73a	69.67±14.10a
ST7	348±203.77c	21.24±1.99c	10.68±1.49b	13.09±5.53a	75.01±8.24a
F 值	6.99**	5.67*	6.59**	0.35	0.08
P 值	0	0.012	0	0.84	0.99

注：同一列不同小写字母代表感病不同年限生态系统之间差异显著。

＊＊表示在 0.01 水平上差异极显著，＊表示在 0.05 水平上差异显著。

2.3.5　植物物种丰富度及丰富度指数

由感染松材线虫病不同年限马尾松林生态系统内植物物种丰富度变化图(图 2-6)可知，乔木层植物物种的丰富度明显低于灌木和草本植物的丰富度，灌木、草本的丰富度相差不大；随着松林生态系统遭受松材线虫病危害年限的增加，乔木树种丰富度呈现线性增加趋势，灌木、草本植物物种的丰富度则没有明显变化规律。与丰富度的变化趋势相似，乔木层植物物种的 Margalef 指数亦明显低于灌木和草本植物的 Margalef 指数（图 2-7）。随着松林生态系统遭受松材线虫病危害年限的增加，灌木、草本植物物种的 Margalef 指数没有明显变化规律，但是感病 5 年马尾松林生态系统内草本层植物物种的 Margalef 指数与其他生态系统之间的差异达到显著水平。

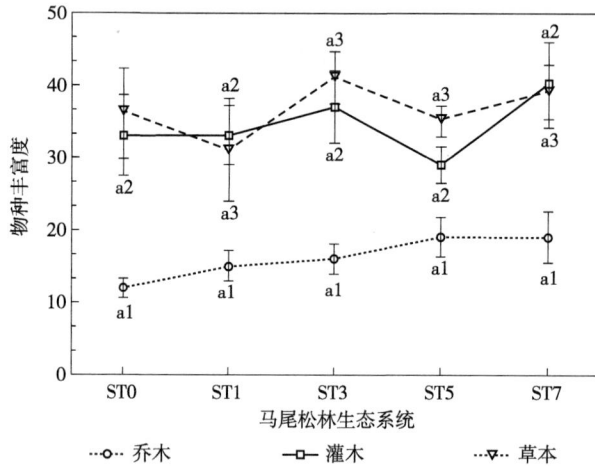

图 2-6　感染松材线虫病不同年限马尾松林生态系统内不同层次植物种丰富度

注：同一层次植物中不同小写字母代表不同林型之间物种丰富度差异显著。

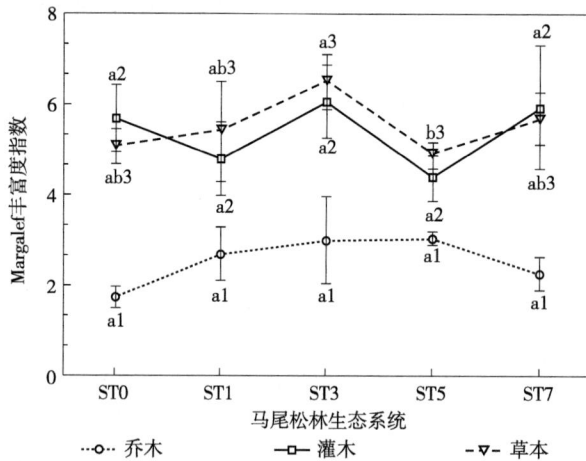

图 2-7　感染松材线虫病不同年限马尾松林生态系统不同层次植物物种 Margalef 丰富度指数

注：同一层次植物中不同小写字母代表不同林型之间物种 **Margalef** 丰富度指数差异显著。

2.3.6　植物物种多样性及均匀度指数

由图 2-8 可知，不同感病年限马尾松林生态系统内乔木和灌木层植物物种的 Shannon-Wiener 多样性指数变化不大，组间差异均没有达到显著水平；草本层植物物种的 Shannon-Wiener 多样性指数变化相对较大，其中感病 3 年和感病 5 年马尾松林生态系统内草本层的多样性指数之间差异达到显著水平。随着马尾松林生态系统遭受松材线虫病危害年限的增加，乔木层植物物种的 Pielou 均匀度指数呈现出下降的趋势（图 2-9）；不同生态系统内灌木层植物物种的 Pielou 均匀度指数没有明显的变化规律；不同生态系统内草本层植物物种 Pielou 均匀度指数变化较大，组间差异达到显著水平（$P<0.01$）。

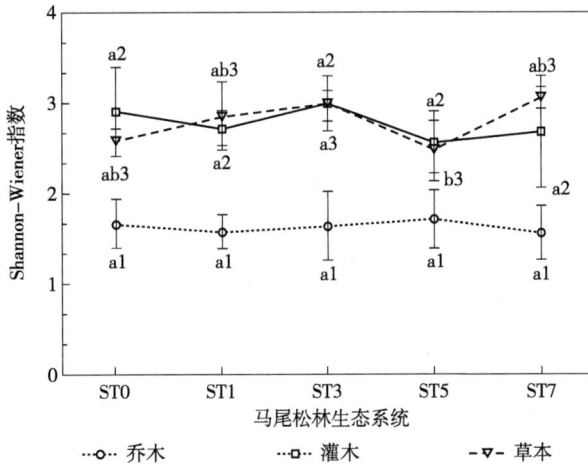

图 2-8　感染松材线虫病不同年限马尾松林生态系统内不同层次植物物种 Shannon-Wiener 指数

注：同一层次植物中不同小写字母代表不同林型之间物种 Shannon-Wiener 指数差异显著。

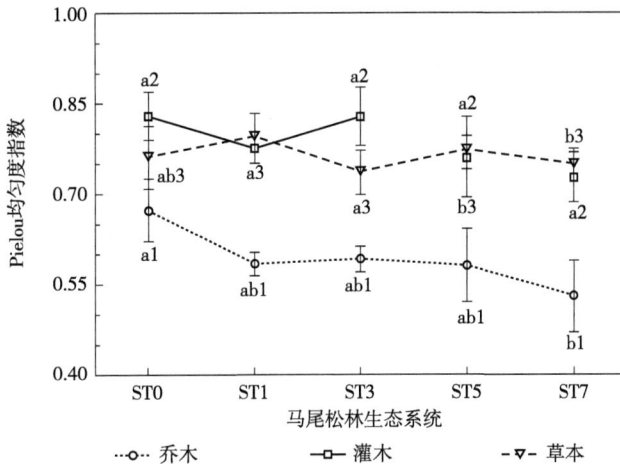

图 2-9　感染松材线虫病不同年限马尾松林生态系统内不同层次植物物种 Pielou 均匀度指数

注：同一层次植物中不同小写字母代表不同林型之间物种 Pielou 均匀度指数差异显著。

2.3.7　乔木层树种的株密度

图 2-10 为感染松材线虫病不同年限马尾松林生态系统内乔木层树种株密度的变化情况。与感病马尾松林生态系统相比，健康生态系统（ST0）内具有较高的马尾松总株数。随着松材线虫病危害年限的增加，马尾松林生态系统内的马尾松株数开始急剧下降，且不同生态系统之间的差异达到了极显著水平（$F=6.99$，$P<0.01$）。乔木层其余树种（除去马尾

松以外所有的树种)的总株数在健康马尾松林生态系统内最小,随着生态系统遭受松材线虫病危害程度的增加,其总数亦呈现缓慢增加的趋势,感病5年和感病7年马尾松林生态系统与健康生态系统之间其余树种总株数的差异均达到了显著水平($P<0.05$)。

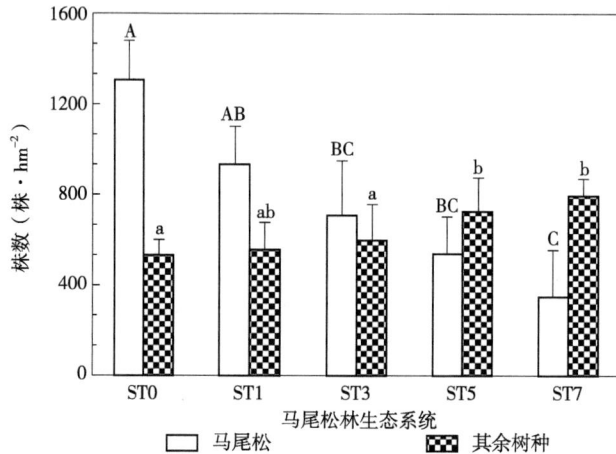

图 2-10 感染松材线虫病不同年限马尾松林生态系统内马尾松与乔木层其他物种总株数变化情况

注:图中大写字母代表不同林型之间马尾松株数差异显著;图中小写字母代表不同林型之间其余树种株数差异显著。

2.3.8 乔木层树种的 DBH

图 2-11 为感染松材线虫病不同年限马尾松林生态系统内乔木层树种 DBH 的变化情况。从图中可以看出,随着生态系统遭受松材线虫病危害年限的增加,各生态系统内的马尾松平均 DBH 亦呈现急剧增加的趋势(10.67~21.95cm),且 ST0 和 ST3、ST5、ST7 的差异均达到了极显著水平($P<0.01$)。其余物种的平均 DBH 亦呈现增加趋势(4.16~12.17cm),感病3年和感病7年马尾松林生态系统与健康生态系统之间的差异均达到了显著水平($P<0.05$)。

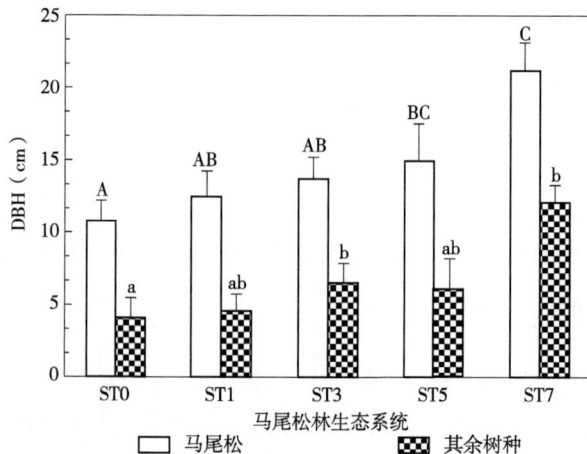

图 2-11 感染松材线虫病不同年限马尾松林生态系统内乔木层物种平均 DBH 变化情况

注:图中大写字母代表不同林型之间马尾松株数差异显著;图中小写字母代表不同林型之间其余树种株数差异显著。

2.3.9　植物群落组成及变化

本研究共调查了 37 种乔木层植物物种(表 2-4),隶属于 30 科 33 属,个体数量较多的有马尾松、槲栎、樟树、栓皮栎和檵木等树种。马尾松在松林生态系统中的重要值为 49.63%,是研究区内的优势树种;樟树、槲栎、栓皮栎和檵木等树种的重要值也较高,是研究区内的亚优势种;偶见种主要包括栾树、泡桐、构树和杜英等树种,仅在一个或少数几个样地分布。计算马尾松林内物种多样性指数可知:三峡库区典型松林生态系统内,乔木树种的丰富度为 9.67(6~15),Margalef 指数为 1.78(0.98~2.83),Shannon-Wiener 指数为 1.24(0.75~1.68),Pielou 指数为 0.56(0.41~0.71)。

表 2-5 为感染松材线虫病不同年限马尾松林生态系统内乔木层植物重要值的变化情况,可以看出:不同感病马尾松林生态系统内乔木层植物重要值也发生了较大的变化。在 ST0 中,马尾松是乔木层中最主要的树种,其重要值高达 67.23%;随着遭受松材线虫病危害年限的增加,马尾松在对应森林生态系统内的重要值急剧下降(ST1-ST7,$IV=$ 53.61%~29.24%);与之相反,森林生态系统内樟树、槲栎、栓皮栎等树种的重要值呈现不同程度的增加。研究结果表明,对因感染松材线虫病而致死的马尾松树进行择伐后,可以显著改变马尾松林生态系统内乔木层植物群落结构组成。

表 2-4　研究区域马尾松松林生态系统乔木层树种结构组成($IV \geqslant 0.5$)

物种		个体数量 (株)	断高总面积 (m²)	胸径 (cm)	树高 (m)	冠幅 (m²)	重要值 (%)
马尾松	*Pinus massoniana*	1187	22.82	12.89±8.90	10.41±2.61	6.92±16.61	49.63
樟树	*Cinnamomum camphora*	160	3.29	13.89±9.81	9.12±2.37	28.82±13.45	8.41
槲栎	*Quercus aliena*	202	0.75	5.85±3.59	5.35±2.43	10.81±10.22	7.39
栓皮栎	*Quercus variabilis* Blume	116	0.54	6.93±3.33	5.57±1.95	11.98±8.58	5.3
檵木	*Loropetalum chinensis*	92	0.22	4.98±2.39	5.69±1.83	17.87±10.51	4.31
盐肤木	*Rhus chinensis*	37	0.19	4.72±3.14	4.25±1.66	9.89±13.94	2.31
小叶朴	*Celtis bungeana*	18	0.03	4.09±1.43	4.36±1.56	8.55±5.06	2.02
棕榈	*Trachycarpus fortunei*	13	0.08	8.64±2.38	2.96±1.13	12.69±18.56	1.58
黄栌	*Cotinus coggygria*	11	0.02	4.6±1.35	3.69±1.31	6.79±4.26	1.47
木姜子	*Litsea pungens*	9	0.02	4.46±1.65	3.56±1.72	6.29±2.98	1.44
白檀	*Symplocos paniculata*	11	0.01	3.61±0.94	3.43±0.84	6.65±4.60	1.25
火炬树	*Rhus typhina*	20	0.03	4.33±1.35	5.61±1.69	11.63±7.99	1.21
黄檀	*Dalbergia hupeana*	30	0.05	4.17±1.50	3.66±1.46	6.07±6.76	1.19
枸骨	*Ilex cornuta*	6	0.01	3.43±0.85	2.98±0.71	3.65±1.84	1.17
山合欢	*Albizia kalkora*	10	0.11	7.99±7.63	5.12±3.41	9.16±9.12	1.14
山矾	*Symplocos Sumuntia*	9	0.01	4.16±1.24	3.43±1.35	12.38±12.27	1.01
楤木	*Aralia chinensis* L.	6	0.04	7.43±6.60	7.03±3.10	18.96±32.82	0.99

（续）

物种		个体数量（株）	断高总面积（m²）	胸径（cm）	树高（m）	冠幅（m²）	重要值（%）
小叶鼠李	*Rhamnus parvifolia*	18	0.02	3.48±0.63	3.26±0.90	6.97±6.82	0.96
栗树	*Castanea mollissima*	5	0.01	3.14±0.79	4.62±0.79	11.52±9.08	0.73
黄连木	*Pistacia chinensis*	5	0.03	8.18±4.49	4.64±1.67	15.18±13.16	0.54
大花溲疏	*Deutzia grandifiora*	5	0.01	3.86±1.01	2.93±1.11	4.66±1.58	0.52
油茶	*Camellia oleifera*	5	0.01	3.61±0.67	3.68±1.60	5.62±4.43	0.52
苦楝木	*Melia azedarach*	4	0.01	4.65±0.66	5.63±0.85	5.51±2.21	0.50
乌桕	*Sapium sebiferum*	4	0.01	7.16±3.23	6.01±2.22	5.67±2.36	0.50
圆柏	*Sabina chinensis*	4	0.02	6.62±2.01	4.63±1.08	5.73±2.07	0.50
其余12种		19	0.11	4.82±2.12	4.86±1.63	13.23±15.09	3.41

表2-5　感染松材线虫病不同年限马尾松林生态系统内乔木层植物重要值变化情况

物种		重要值（%）				
		ST0	ST1	ST3	ST5	ST7
马尾松	*Pinus massoniana*	67.23	53.61	50.24	42.65	29.24
樟树	*Cinnamomum camphora*		3.44		2.44	32.71
槲栎	*Quercus aliena*	6.01	4.49	3.79	13.71	3.69
栓皮栎	*Quercus variabilis* Blume	2.14	3.36	10.74	5.06	
檵木	*Loropetalum chinensis*		5.06	2.18	8.18	2.44
盐肤木	*Rhus chinensis*	3.59	2.34	2.35		5.17
小叶朴	*Celtis bungeana*	2.14	2.34	2.16	2.72	2.19
棕榈	*Trachycarpus fortunei*	2.42	2.58	1.89	2.35	
黄栌	*Cotinus coggygria*	2.04	2.27	1.87	2.54	
木姜子	*Litsea pungens*	2.19	2.14	2.16	1.88	2.31
白檀	*Symplocos paniculata*	2.78				3.44
火炬树	*Rhus typhina*		3.69		1.86	
黄檀	*Dalbergia hupeana*		3.59			
枸骨	*Ilex cornuta*	2.26	2.04	1.95		
山合欢	*Albizia kalkora*	2.23		2.77		2.31
山矾	*Symplocos sumuntia*	2.62		1.86		
楤木	*Aralia chinensis* L.	1.96	1.96	1.96	2.47	
小叶鼠李	*Rhamnus parvifolia*	2.59		2.75		
栗树	*Castanea mollissima*	2.21	1.95			
黄连木	*Pistacia chinensis*		2.46			
大花溲疏	*Deutzia grandifiora*	2.26		2.05		

（续）

物种		重要值（%）				
		ST0	ST1	ST3	ST5	ST7
油茶	*Camellia oleifera*			2.29		
苦楝木	*Melia azedarach*			2.2		
乌桕	*Sapium sebiferum*			1.99	2.36	
圆柏	*Sabina chinensis*	2.38				
其余12种		2.2	6.24	2.05	7.44	6.78

2.3.10 植物群落结构排序

通过 RDA 分析环境变量的预选过程，对本研究选择的 19 个环境变量进行 499 次重复的蒙塔卡罗检验，筛选出 5 个与群落内植物种群结构显著相关的（$P<0.05$）环境变量，包括马尾松伐桩数（Masson pine stumps，MPS）、土壤 K^+、土壤毛管持水量（Capillary water holding capacity，CWHC）、土壤毛管孔隙度（Capillary porosity，CP）、以及土壤含水量（Soil water content，SWC）（表 2-6），选择的 5 个环境变量可以解释超过 78% 的马尾松林生态系统植物群落结构与环境因素间的排序关系。此外，对筛选出来的五个环境因子进行进一步的筛选，在选择的五个环境变量中，MPS（$P<0.05$）和 K^+（$P<0.05$）与植物种群结构显著相关，其他 3 个环境变量与之相关性均没有达到显著水平，说明二者是决定感病马尾松林生态系统内植物群落结构最主要的外界环境因子。

表 2-6　RDA 分析预选过程中环境变量对植物种群结构的边缘和条件影响

环境变量	第一次筛选			第二次筛选		
	贡献值	F 值	P 值	贡献值	F 值	P 值
马尾松伐桩数（MPS）	0.18	2.95**	0.002	0.18	2.95**	0.002
土壤 K^+	0.17	2.57*	0.014	0.14	2.31*	0.026
土壤毛管持水量（CWHC）	0.14	2.13*	0.042	0.08	1.56	0.148
土壤毛管孔隙度（CP）	0.13	2.02*	0.049	0.05	0.82	0.622
土壤含水量（SWC）	0.16	2.49*	0.018	0.04	0.7	0.72

注：* 表示环境变量在 $P<0.05$ 水平上具有显著贡献；

　　** 表示环境变量在 $P<0.01$ 水平上具有极显著贡献。

马尾松林生态系统内主要植物群落结构与环境因素的 RDA 排序结果见表 2-7。表中"排序轴特征值"反映的是该排序轴所集中寄生性昆虫群落矩阵中信息量的大小，"物种-环境相关系数"表示各排序轴与真实环境梯度之间的相关性。本研究中前 4 个排序轴的特征值分别为 0.26、0.105、0.086 和 0.022，合计占总特征值的 47.30%。前两个排序轴一共解释了 74.60% 的植物群落结构物种-环境关系变化累积量。此外，4 个排序轴一共解释了 47.30% 的物种数据变化累积量和 96.70% 的物种-环境关系变化累积量；因此，可以认定本研究的 RDA 分析具有较高的可信度，能够较好地反映不同感病年限马尾松林生态系统内植物群落结构与环境因子之间的关系。

表 2-7　马尾松林生态系统植物群落结构与环境因素的 RDA 排序结果

排序轴	排序轴特征值	物种-环境相关系数	物种数据变化累积量（%）	物种-环境关系变化累积量（%）	特征值总和	典范特征值总和
1	0.260	0.917	26.0	53.2	1	0.968
2	0.105	0.723	36.5	74.6		
3	0.086	0.778	45.1	92.2		
4	0.022	0.482	47.3	96.7		

图 2-12 是马尾松林生态系统内植物种群群落结构和环境因素的 RDA 排序图。由图可知，在马尾松生态系统内，马尾松伐桩树、土壤毛管孔隙度和土壤毛管持水量和香樟、槲栎、盐肤木、黄栌和山合欢等阔叶树种的生长呈正相关性，而与檵木、火炬树和山矾的生长呈负相关性。从排序图亦可以看出，木姜子、香樟和盐肤木等树种的生长偏向于土壤含水量较高的区域；而栓皮栎、棕榈等树种的生长更偏向于土壤 K^+ 含量较高的区域。马尾松伐桩树、土壤 K^+ 含量、土壤含水量与马尾松的生长呈现明显的负相关性。此外，群落内还有一些树种的分布，与这 5 个环境变量相关性较小。

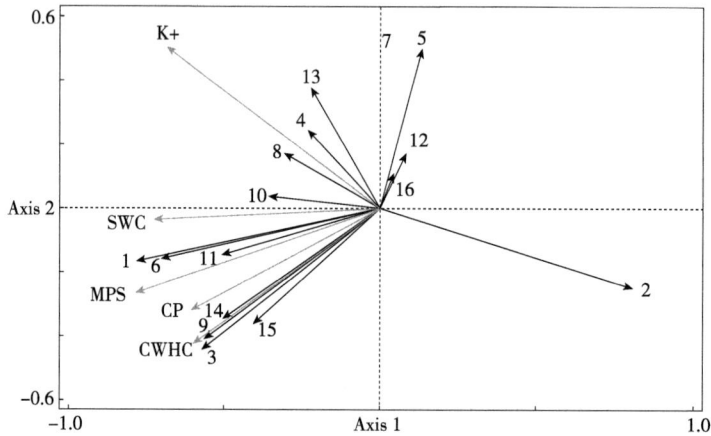

图 2-12　马尾松林生态系统植物群落-环境因子的 RDA 排序图

1. 香樟 Cinnamomum camphora；2. 马尾松 Pinus massoniana；3. 槲栎 Quercus aliena；4. 栓皮栎 Quercus variabilis Blume；

5. 檵木 Loropetalum chinensis；6. 盐肤木 Rhus chinensis；7. 小叶朴 Celtis bungeana；8. 棕榈 Trachycarpus fortunei；

9. 黄栌 Cotinus coggygria；10. 木姜子 Litsea pungens；11. 白檀 Symplocos paniculata；12. 火炬树 Rhus typhina；

13. 黄檀 Dalbergia hupeana；14. 枸骨 Ilex cornuta；15. 山合欢 Albizia kalkora；16. 山矾 Symplocos Sumuntia.

2.4　小结与讨论

本研究调查了感染松材线虫病不同年限马尾松林生态系统内马尾松径级和龄级的分布情况。结果表明：本研究调查的所有马尾松径级均有感染松材线虫病而致死的马尾松，松材线虫在自然条件下可以侵染并导致 5~40 年生的马尾松死亡，但是危害的龄级主要集中在 5~20 年生。因此，根据本研究的结果可以推断：在研究区域内，松材线虫病主要危害中幼龄的马尾松树。本研究结果与本课题组先前研究结果一致，石娟等（2007）通过研究松材线虫病入侵对内陆和海岸马尾松纯林和混交林的影响，也证实了较低径级的马尾松树更易遭受到松材线虫病的危害。分析其原因可能为：个体较小的马尾松树可以为松材线虫的媒介昆虫提供更为理想的食物资源和产卵场所（柴希民和蒋平，2003；Shi et al.，2007）。

松材线虫入侵对松林生态系统内马尾松的生长也有较大的影响，主要表现为：与健康马尾松林生态系统相比，感病生态系统内马尾松的数量显著下降，平均胸径和平均树高呈现明显增加趋势，但是胸高断面积和林分蓄积量的变化不是很显著。导致这一现象的主要原因为：当地林业部门每年都会对松林生态系统内因松材线虫病致死的马尾松树进行择伐，而松材线虫主要危害 DBH 和树龄相对较小的马尾松树，因此，随着松材线虫病危害年限的增加，样地内马尾松各指标的平均值会增加。对森林群落而言，对发病林地内感病马尾松树进行择伐这一防治措施起到了一定的疏伐作用，致使发病之前系统内不占优势的槲栎、樟树等树种占领受害马尾松移除后留下的生态位，从而缓解其在阳光、水分等资源上的竞争压力，迅速生长为高大乔木，形成针阔混交林（Fujihara 1996；Hu et al.，2012）。

植物物种多样性指的是生态系统内植物群落结构在物种水平上的生物多样性，它反映了生态系统内植物群落的功能、稳定性和生产力状况，同时也是现代群落生态学研究的中心课题之一（付必谦等，2006）。本研究中，感染松材线虫病不同年限马尾松林生态系统内，乔木树种丰富度和 Margalef 丰富度指数明显低于灌木、草本的丰富度，且随着遭受松材线虫病危害年限的增加，二者均呈现线性增加趋势，这一研究结果说明松材线虫入侵健康马尾松林生态系统后，可导致乔木层物种群落结构组成更加复杂多样化。吴蓉等（2005）研究报道，在内陆生境条件下，遭受松材线虫危害后的马尾松林生态系统，乔木层植被群落并未向灌丛方向退化，相反，其植物种类和多样性均有较大程度的增加。

各生态系统内，灌木、草本的丰富度和 Margalef 指数没有明显变化规律，究其原因可能是马尾松为强喜光性树种，多分布在山地阳面，林下灌木、草本层植物物种丰富度普遍较高（石娟，2005；石娟等，2006；王壮等，2012），当感病松树被砍伐后，阔叶树种会占领受害木移除后留下的生态位，种类和数量都会有所增加。此外，不同生态系统内，乔木、灌木层植物物种的 Shannon-Wiener 指数变化不大，它们之间的差异也没有达到显著水平，但是草本层植物物种 Shannon-Wiener 指数变化相对较大，其中感病 3 年和感病 5 年差异显著。就 Pielou 均匀度指数而言，乔木和草本层变化较大，灌木层变化较小。综合分析可知：对于特定的马尾松松林生态系统，不同层次植物群落多样性指数随感病年限变化规律符合"中间高度膨胀（mid-altitude bulge）"理论，即在感病 1 年和感病 7 年的马尾松林生态系统内，多样性指数相对较低；而在感病 3 年的马尾松林生态系统内，多样性指数相对较高。

此外，研究区域内现有的马尾松林生态系统均为 20 世纪中后期当地林业局飞播营造的马尾松纯林，乔木层树种相对较为单一。自 2006 年研究区域内发生松材线虫病以来，当地林业部门每年都会对马尾松林生态系统内因感染松材线虫病而致死的受害马尾松树进行伐除、清理，以防止松材线虫病进一步传播和扩散。本研究共调查了 37 种乔木层植物物种，隶属于 30 科 33 属。分析乔木层植物树种重要值可知，马尾松树依旧是研究区域内马尾松林生态系统内的优势树种，其重要值为 49.63%，樟树、槲栎、栓皮栎和檵木等树种也有较高的重要值，可归为亚优势树种。此外，感染松材线虫病不同年限马尾松林生态系统内乔木层物种的平均 DBH 和株密度均发生了较为显著的变化，主要表现为：随着遭受松材线虫病危害年限的增加，马尾松林生态系统内马尾松树总株数急剧下降，但是其 DBH 显著增加；其余物种总株数和平均 DBH 均呈现缓慢增加的趋势。究其原因可能为：目前林业上防治松材线虫病最重要的方法是选择性择伐感病林地内的病树（Shi et al.，2007），当地林业部门砍伐、清除感病马尾松树后，致使生态系统内其个体数量在短时间内急剧下降，之前不占优势的槲栎、樟树等树种就会占领受害木移除后留下的生态位，迅速生长为高大乔木，生态系统就会向针阔混交林方向演替（Fujihara，1996；石娟等，2006；王壮，2012）。先前文献与本研究结果一致，生态系统遭受松材线虫病危害后，乔木层植被群落并未向灌丛方向退化，相反，乔木层主要植物物种由松树转变为了阔叶树种，其植物种类和多样性均有较大程度的增加（Fujihara，1997；Fujihara et al.，2002；吴蓉等，2005；石娟等，2006；石娟等，2007；王壮，2012；Spiegel and Leege，2013）。

本节研究结果亦表明，感染松材线虫病不同年限马尾松林生态系统内乔木层植物重要值也发生了较大的变化，即随着遭受松材线虫病危害程度的增加，马尾松在对应森林生态系统内大量死亡，其重要值亦急剧下降（ST1-ST7，$IV = 53.61\% \sim 29.24\%$），同时生态系统内阔叶树种的重要值呈现不同程度的增加。对感病马尾松树的砍伐和清除这一措施，同样会显著改变森林生态系统的组成和群落结构的变化，曾经在生态系统中占据绝对主导地位的马尾松树逐渐降低了其在乔木层植物群落结构中的贡献。王壮（2012）在调查舟山岛松材线虫入侵对松林群落木本植物结构影响时亦发现，次生植物群落中马尾松丧失了优势地位，逐渐被阔叶树种取代。此外，Spiegel 和 Leege 在研究月桂树枯萎病（laurel wilt disease）侵染月桂树 Persea borbonia 时发现，月桂枯萎病可导致 P. borbonia 树大量死亡，迅速改变生态系统内部植物物种数量和群落结构组成（Spiegel and Leege，2013）。一般而言，当某一生态系统经历过生物因素干扰后，其演替而成的新森林生态系统结构往往会更加稳定，具有较强抵抗森林病虫害侵染危害的能力（Humphrey et al.，1999；Hambäck et al.，2000；Jobidon et al.，2004；Li et al.，2012）。

在群落分析时，一般会采用群落排序的方法来调查环境变量和不同群落的结构组成情况，从而分析植物或动物群落之间的相似关系及其与环境变量的关系（Lepš and Šmilauer，2003）。高瑞贺等（2013）利用 RDA 分析了遭受松材线虫病危害的马尾松林生态系统内寄生性昆虫和环境变量之间的关系。本研究选取了马尾松林生态系统内与植物种群密切相关的 19 个环境变量，来分析系统内乔木层植物群落与环境因素的关系。通过对 19 个环境变量进行蒙塔卡罗检验，最终筛选出 5 个与群落内植物种群结构显著相关的环境变量，分别为马尾松伐桩数、土壤 K^+、土壤毛管持水量、土壤毛管孔隙度和土壤含水量。RDA 排序结果表明，生态系统内马尾松伐桩数和土壤 K^+ 含量与植物种群结构显著相关（$P<0.05$），二者是决定感病马尾松林生态系统内植物群落结构最主要的外界环境因子。此外，RDA 排序图亦表明，土壤 K^+ 含量较丰富的地区，可以促进栓皮栎、棕榈、木姜子等树种的生长；当感病马尾松林生态系统内马尾松伐桩数增加（松材线虫病危害程度增加）时，其可促进香樟、槲栎、盐肤木、黄栌和山合欢等树种的生长，而不利于马尾松树的生长。这一研究与本课题组先前研究结果一致（石娟，2005；章彦，2010；王壮，2012）。此外，松材线虫病传播途径多、发病速度快、潜伏侵染时间长、防治难度大，从开始发病到整片松林毁灭只需 3~5 年时间（徐学红，2005；石娟等，2007；徐华潮和骆有庆，2010），因此如何保护好三峡库区 $5.69 \times 10^5 \text{hm}^2$ 松林就成为当地林业工作者的首要任务。

3 松材线虫入侵对马尾松光合特性及资源利用效率的影响

3.1 引言

绿色植物的光合作用是其自身利用光能同化二氧化碳和水，制造出有机物质并释放出氧气的生化过程（潘瑞炽等，2012）。光合作用是受外界环境条件和内部机理结构限制的复杂的生物、物理、化学过程，同时也是生物固碳的主要方式和森林生态系统能量流动及物质循环的基础（陈兴华等，2010；徐华潮，2013；张向峰，2013）。马尾松是我国南方19个省区荒山造林绿化的先锋树种和主要工业用材树种，也是我国分布最广、数量最多的树种之一（施积炎等，2004）。马尾松的光合特性是其自身重要的光合生理参数，对外界环境因素的刺激可以做出快速、敏感的反应（Bigot et al.，2007；Hsu et al.，2015）。自然环境条件下生长的马尾松，其光合作用受多种化学、物理等非生物因子和病虫害等生物因子干扰的影响，这些外界胁迫因子亦会随着时间和空间的改变而发生相应的变化，因此马尾松的光合特性亦表现出复杂的变化。

绿色植物遭受到病虫害等生物因子刺激时，其光合作用会发生敏感、显著的变化（Fukuda，1997）。当松材线虫入侵健康马尾松树后，松材线虫种群密度在短时间内会急剧增加，从而导致寄主松树的木质部和管胞功能紊乱，阻止树体内部液流上升和水分的运输，影响植物根部与上部组织所必需的营养物质和水分的运输与交换。总体而言，松材线虫入侵对健康寄主松树光合作用有以下两种影响：①直接影响：由于寄主针叶水分缺失，直接影响进行光合反应的细胞结构和酶活性；②间接影响：松材线虫入侵健康寄主松树后，会导致植物器官及组织生理生化功能紊乱，从而间接影响寄主松树的光合作用（Zhao et al.，2008）。先前文献报道了寄主松树感染松材线虫病后，其光合生理特性会发生显著变化（Melakeberhan et al.，1991）。Woo 等研究报道，韩国赤松幼苗人工接种松材线虫10天后，赤松幼苗的瞬时净光合速率和蒸腾速率均显著下降（Woo et al.，2010）。

气孔导度是植物叶片与外界气体和 CO_2 交换的重要指标，反映了植物叶片气孔与外界进行气体交换的通畅程度，气孔导度的变化会影响植物叶片内水分、CO_2 的含量，从而对植物的光合作用产生显著的影响（朱教君等，2006；杨书运等，2006；张向峰等，2012）。一般而言，植物在逆境条件下光合作用降低的原因主要有两种情况：一种情况是受气孔因素限制，此时植物叶片的气孔阻力增大，致使其气孔导度降低，进入气孔的 CO_2 数量减少，不能满足植物光合作用的需求，从而直接影响植物的光合作用；另一种情况是受非气孔因素限制，主要是针叶缺水导致叶绿体的片层结构受到影响，植物膜系统遭受损伤，光合电子传递系统遭到破坏，叶绿体活性与 Rubisco 活化酶活性降低、核酮糖二磷酸羧化酶再生能力降低，从而导致叶片光合作用能力降低(Cornic et al.，1991；Quick et al.，1992；Lai et al.，1996；姚庆群等，2005；胡晓健，2007)。植物在逆境条件时，气孔因素限制比非气孔因素限制反应更为敏感，一般在胁迫初期，气孔因素会限制植物的光合作用，随着逆境因子胁迫程度的进一步加重，非气孔因素限制逐渐起到主导作用(李嘉瑞等，1996；胡晓健，2007)。

光照、水分、CO_2 是绿色植物光合作用所必需的外界资源(Dawson et al.，2002)，当植物遭受外界光照、温湿度、水分胁迫及病虫害等胁迫因子干扰刺激时，极易影响到其对这些资源的利用情况(Field et al.，1983)，因此，同一植物在不同生长时期及不同生长环境内对光照、水分等资源的利用效率具有较大的差异。光照是绿色植物生长发育过程中所必需的重要资源，植物对光能的利用效率是评估植物光合生产力的重要参数(Akmal and Janssens，2004)。植物的水分利用效率表示的是光合作用生产一定量的干物质所蒸腾水分的数量，它是反映植物代谢功能重要的指标(刘国利等，2009)。绿色植物的羧化效率是评估植物生产能力的重要参数，同时也是反映植物对外界环境胁迫抵抗能力的一个重要指标。不同植物物种叶片的羧化速率存在较大的差异，而同一植物在受到外界光照、温度、水分等环境因素影响时，亦会对其自身的羧化速率产生较大的影响(Cai et al.，2010；Tobita et al.，2011；张彦敏等，2012)。此外，绿色植物叶片的 $\delta^{13}C$ 含量与植物自身的光合能力和叶片的氮素含量关系密切，它是反映植物与外界环境因素相互关系的重要指标(Dawson et al.，2002；Flower et al.，2013)，其可表征绿色植物叶片的长期水分利用效率(Farquhar et al.，1989；Querejeta et al.，2003；Meinzer et al.，2004；Walia et al.，2010)。

目前国内外学者针对松材线虫病及其侵染循环进行了大量深入的研究，但是针对感染松材线虫病后马尾松光合特性和资源利用效率的研究鲜有报道。本章节将分析感染松材线虫病后，不同感病阶段马尾松光合生理特性、光合响应曲线、光合响应指标及资源利用效率的变化，旨在分析松材线虫入侵对马尾松光合特性和资源利用效率的影响，以期在光合生理水平上提供松材线虫病的早期诊断，为林业管理者对感染松材线虫病寄主的马尾松采取快速防治措施提供科学的理论依据。

3.2 材料与方法

3.2.1 松材线虫病害分级标准

根据寄主松树感染松材线虫病之后的外部症状(松针颜色、树脂分泌)，内部结构变化(细胞、边材液流)以及松材线虫分离情况，将研究区域内感染松材线虫病的马尾松树分为

6个阶段(谈家金，2000；Zhao et al.，2008；徐华潮，2013)，详情见表3-1。

表3-1　松材线虫自然侵染马尾松后感病阶段分级标准

感病阶段	外部症状		内部结构		松材线虫	
	松针	树脂	细胞	边材	种群	线虫分离
健康期	外观健康	正常	正常	正常	无	未分离到线虫
感病初期	外观健康，天牛取食点附近少量松针褪色	树脂分泌减少或停止	次生代谢降低	开始堵塞	低种群密度	分离到线虫
感病早期	2年生针叶失去光泽成灰绿色，与天牛取食枝相近的部分枝条出现少量黄色针叶，主干出现黄色至褐色针叶，其余正常	停止	部分细胞坏死	通导率降低	低种群密度	分离到线虫
感病中期	顶梢及其他1年生嫩枝仅基部偶见黄色针叶，其余枝条上出现部分黄色针叶，其他针叶失去光泽	停止	部分细胞坏死	低通导率	繁殖	分离到线虫
感病重期	顶梢及1年生嫩枝成灰绿色、萎蔫，部分针叶黄绿色，多年生枝条大多无绿色针叶	停止	大部分细胞坏死	通导率停止	大量繁殖	分离到线虫
感病末期	顶梢大部或基本枯黄，其余枝条完全枯死，较早枯黄的针叶转为褐色	停止	细胞几乎全部坏死	通导率停止	大量繁殖	分离到线虫

3.2.2　马尾松感病样树选择

根据松材线虫病害分级标准，对研究区域内DBH≥2.5cm的马尾松进行松材线虫病危害情况调查，本章节选取健康期、感病中期和感病末期的马尾松为研究对象，每个感病阶段分别选取3株胸径在15cm左右的马尾松样树(表3-2)，对其进行光合特性日变化的测定。

表3-2　松材线虫自然侵染马尾松后光合特性测定样树选择

感病阶段	胸径(cm)	树高(m)	树龄(年)
健康期	14.5	8.5	22
	15.1	8.8	20
	16	9.1	25
感病中期	13.5	8.1	21
	17.1	8.9	26
	15	8.3	23
感病末期	17.6	10.8	32
	18.7	9.8	28
	15.4	10.1	24

3.2.3 针叶光合特性测定

于 2014 年 7—8 月晴朗无云的天气，利用 LI-6400XT 便携式光合测定仪对健康期、感病中期和感病末期的马尾松树进行光合测定。每株马尾松随机测定 3 个枝条，每个枝条设置 3 个重复，结果取其平均值，所测量的结果表示单位面积马尾松针叶的光合生理指标。测量时，LI-6400XT 采用开放气路，以大气中的 CO_2 为气源，使用 2.5L 自制缓冲瓶，从而保持 CO_2 浓度处于相对稳定状态。每天 7：00—19：00 进行马尾松光合测定，每隔 2h 测定 1 次。光合测定参数包括叶片净光合速率 P_n（$\mu mol\ CO_2 \cdot m^{-2} \cdot s^{-1}$）、细胞间 CO_2 浓度 C_i（$\mu mol\ CO_2 \cdot mol^{-1}$）、蒸腾速率 T_r（$mmol\ H_2O \cdot m^{-2} \cdot s^{-1}$）、气孔导度 G_s（$mol\ H_2O \cdot m^{-2} \cdot s^{-1}$）等相关光合因子。在进行光合测定时，要尽量保持马尾松针叶处于自然生长状态，对于一些个体较大、无法触及的样本，可采用高枝剪将其枝条剪下，立即插入装满清水的大桶内进行测量。本研究的预实验和先前文献均表明，在对植株进行光合特性测定时，活体枝条和离体枝条即刻测定（1~4min）所得到的结果之间没有差异（Kolb et al.，2000；Yang et al.，2002；黄儒珠等，2009）。

3.2.4 针叶光合响应曲线测定

于 2014 年 7—8 月晴朗无云的天气，利用 LI-6400XT 便携式光合测定仪自带的 CO_2 注入系统（表 3-3）和 LI-6400-02B LED 红蓝光源（表 3-4），测定感染松材线虫病不同阶段的马尾松树针叶的光合响应曲线。本章节选取健康期、感病中期和感病末期的马尾松树为研究对象，每个处理选取 3 株样树，每株树测定 3 个枝条，每个枝条设置 3 个重复，测量结果代表单位面积马尾松针叶的光合生理指标。LI-6400 测量马尾松时采用开放气路，手动设置光量子通量密度（由强到弱）为 2000、1700、1500、1200、1000、900、700、500、600、200、150、100、50、20、0$\mu mol \cdot m^{-2} \cdot s^{-1}$。为了保持测定过程中其他环境因子的稳定，设定叶室温度为 25℃，空气相对湿度为 60%，CO_2 浓度为 400$\mu mol \cdot mol^{-1}$。测量时，将马尾松针叶并排排满红蓝光源叶室，叶片之间不留任何缝隙，所测叶片的有效面积即 LI-6400-02B 红蓝光源叶室的面积。每个测量之间设置 120~200s 的等待时间，当所测叶片净光合速率稳定时，开始测量。

表 3-3 LI-6400XT 便携式光合测定仪 CO_2 注入系统主要参数

目录	参数
CO_2 混合范围	50$\mu mol \cdot mol^{-1}$~2000$\mu mol \cdot mol^{-1}$
工作温度	0~50℃
CO_2 气源	12g 纯液态 CO_2 钢瓶，使用时间为开启后至少 8h
CO_2 钢瓶连接器	1250~1500kPa

表 3-4　LI-6400-02B LED 红/蓝光源主要参数

目录	参数
输出范围	$0 \sim 2000 \mu mol \cdot m^{-2} \cdot s^{-1}$ @ 30℃
最小蓝光比例	5%（以光子计）
典型蓝光比例	13% @ $100 \mu mol \cdot m^{-2} \cdot s^{-1}$
	10% @ $1000 \mu mol \cdot m^{-2} \cdot s^{-1}$
	7% @ $2000 \mu mol \cdot m^{-2} \cdot s^{-1}$
红光波峰	$(665 \pm 10) nm$ @ 25℃
蓝光波峰	$(470 \pm 10) nm$ @ 25℃
功耗	8W（$2000 \mu mol \cdot m^{-2} \cdot s^{-1}$ 时）
工作温度	$0 \sim 50$℃
尺寸	5.2cm×5.6cm×7.3cm
重量	0.2kg

3.2.5　光合响应曲线拟合

本研究采用叶子飘构建的植物光合作用光响应"直角双曲线修改模型"（叶子飘等，2007）来拟合处理光合响应曲线，不同光合有效辐射对应光合速率模型表达式为

$$P_n(PAR) = \alpha \frac{1 - \beta PAR}{1 + \gamma PAR} PAR - R_d \qquad (3-1)$$

式中，α 为光合响应曲线的初始量子效率；β 为曲线的修正系数；γ 为光合响应曲线的初始斜率与植物最大光合速率之比；PAR 为光量子通量密度（$\mu mol \cdot m^{-2} \cdot s^{-1}$）；$P_n$ 为对应光合有效辐射条件下的净光合速率值（$\mu mol \ CO_2 \cdot m^{-2} \cdot s^{-1}$）；$R_d$ 为所测量植物的暗呼吸速率（$\mu mol \cdot m^{-2} \cdot s^{-1}$）。

3.2.6　光合响应指标计算

3.2.6.1　气孔限制值

气孔限制值（Stomatal limitation，L_s）常用来表示绿色植物叶片气孔对光合作用的影响程度（李新和冯玉龙，2005），计算公式为

$$L_s = \left(1 - \frac{C_i}{C_a}\right) \times 100\% \qquad (3-2)$$

式中，C_i 为马尾松针叶的细胞间 CO_2 浓度（$\mu mol \cdot mol^{-1}$）；C_a 为大气中 CO_2 浓度（$\mu mol \cdot mol^{-1}$）。

3.2.6.2　最大净光合速率

可根据所测得马尾松光合响应曲线，求取马尾松针叶最大净光合速率值，计算公式为

$$P_{max} = \alpha \left(\frac{\sqrt{\beta+\gamma} - \sqrt{\beta}}{\gamma} \right)^2 - R_d \tag{3-3}$$

式中，P_{max} 为马尾松树最大净光合速率值（μmol CO_2 · m^{-2} · s^{-1}）；α 为光合响应曲线的初始量子效率；β 为曲线的修正系数；γ 为光合响应曲线的初始斜率与植物最大光合速率之比；R_d 为所测量植物的暗呼吸速率（μmol · m^{-2} · s^{-1}）。

3.2.6.3　光补偿点

光补偿点（Light compensation point，LCP）指的是在较高光量子水平下，光合作用下二氧化碳吸收量与二氧化碳释放量达到动态平衡时的光合有效辐射，此时植物光合作用产生的碳水化合物与呼吸作用消耗的碳水化合物达到动态平衡，其计算公式为

$$LCP = \frac{\alpha - \gamma R_d - \sqrt{(\gamma R_d - \alpha)^2 - 4\alpha\beta R_d}}{2\alpha\beta} \tag{3-4}$$

式中，α 为光合响应曲线的初始量子效率；β 为曲线的修正系数；γ 为光合响应曲线的初始斜率与植物最大光合速率之比；R_d 为所测量植物的暗呼吸速率（μmol · m^{-2} · s^{-1}）。

3.2.6.4　光饱和点

光饱和点（Light saturation point，LSP）指的是在一定的光合辐射范围内，植物的光合强度随着光合辐射的上升而增加，当光合辐射上升到某一数值之后，植物的光合强度不再继续提高时的光合有效辐射，其计算公式为

$$LSP = \frac{\sqrt{(\beta+\gamma)/\beta} - 1}{\gamma} \tag{3-5}$$

式中，β 为光合响应曲线的修正系数；γ 为光合响应曲线的初始斜率与植物最大光合速率之比。

3.2.6.5　马尾松针叶暗呼吸速率

暗呼吸速率（Respiration rate）指在一定温度下，单位重量的活细胞在单位时间内吸收氧气或释放二氧化碳的量，其可反映某生物体代谢活动的强弱。本研究中，根据光照强度为 0μmol · m^{-2} · s^{-1} 时马尾松树的净光合速率数值，求出对应感病阶段马尾松树的暗呼吸速率值。

3.2.6.6　光能利用效率

光能利用效率（Light use efficiency，LUE）为绿色植物通过光合作用固定太阳能的效率，它反映了植物对不同光照强度的利用能力（付涛等，2015），其计算公式为

$$LUE = P_n / PPFD \tag{3-6}$$

式中，P_n 为马尾松针叶的净光合速率（μmol CO_2 · m^{-2} · s^{-1}）；$PPFD$ 为光量子通量密度（μmol · m^{-2} · s^{-1}）。

3.2.6.7 水分利用效率

水分利用效率(Water use efficiency，WUE)指的是当叶片通过蒸腾作用蒸发单位水量时，光合作用生产碳水化合物的质量(张向峰等，2012)，它反映了植物的生长及代谢与水分利用之间的数量关系(Field et al.，1983)，其计算公式为

$$WUE = P_n/E \tag{3-7}$$

式中，P_n 为马尾松针叶的净光合速率($\mu mol\ CO_2 \cdot m^{-2} \cdot s^{-1}$)；$E$ 为所测叶片的蒸腾速率($mmol\ H_2O \cdot m^{-2} \cdot s^{-1}$)。

3.2.6.8 水分羧化效率

羧化效率(Carboxylation efficiency，CE)指的是绿色植物进行羧化反应时的效率，它是评估植物光合作用能力的重要参数(Akmal and Janssens，2004)，其数值越高则说明该植物光合作用对 CO_2 的利用越充分(董晓颖等，2005)。羧化效率的计算公式为

$$CE = P_n/C_i \tag{3-8}$$

式中，P_n 为马尾松针叶的净光合速率($\mu mol\ CO_2 \cdot m^{-2} \cdot s^{-1}$)；$C_i$ 为针叶细胞间 CO_2 浓度($\mu mol \cdot mol^{-1}$)。

3.2.7 马尾松针叶碳氮元素测定

测量完马尾松光合响应曲线后，采集所测枝条针叶组织，装入密封袋中，按顺序编号、记录，并将其带回实验室内，放置于75℃恒温烘箱内烘干至恒重，粉碎、研磨至大约1μm粒径，采用稳定同位素质谱仪(IsoPrime100)测定样品的C%、N%和 $\delta^{13}C$ 含量。其中，$\delta^{13}C$ 含量计算公式为

$$\delta^{13}C(‰) = \left[\frac{R_{sample} - R_{standard}}{R_{standard}}\right] \times 1000 \tag{3-9}$$

式中，R_{sample} 为所测针叶样品 $^{13}C/^{12}C$ 的比值；$R_{standard}$ 为国际通用碳同位素标准物质PDB(Pee Dee Belemnite，一种碳酸盐陨石) $^{13}C/^{12}C$ 的比值。

3.2.8 数据的检验和统计

在 SPSS 系统中，采用单因素方差分析(one-way ANOVA)和最小显著差法(LSD)相结合，分析感染松材线虫病不同阶段马尾松光合指标的日变化情况及马尾松资源利用效率情况。当 $P<0.05$ 时，定义两个变量之间差异达到显著水平；当 $P<0.01$ 时，定义两个变量之间差异达到极显著水平。数据的统计分析与作图采用 Microsoft Excel 2010、SPSS 22.0 和GraphPad Prism 6.0 软件来完成。

3.3 结果与分析

3.3.1 马尾松针叶净光合速率的日变化

图 3-1 为感染松材线虫病不同阶段马尾松针叶净光合速率的日变化曲线。由图可知，

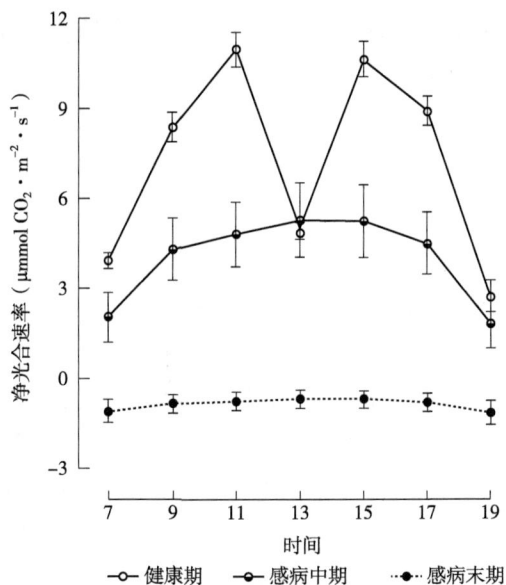

图 3-1 感染松材线虫病不同阶段马尾松针叶
净光合速率日变化

健康期马尾松净光合速率的日变化趋势表现出明显的"双峰"曲线，即在 11：00 和 15：00 时，马尾松净光合速率出现"峰值"，在 13：00 时，马尾松的净光合速率值短暂下降。感病中期马尾松净光合速率的日变化趋势呈现出"单峰"曲线，净光合速率明显下降，在 13：00 左右出现最大值，其余各个时间点净光合速率值均低于健康期马尾松对应值。感病末期马尾松净光合速率在各个时间点均小于 $0\mu mol$ $CO_2 \cdot m^{-2} \cdot s^{-1}$，说明此阶段光合速率要小于呼吸速率；此外，该阶段马尾松针叶净光合速率的日变化趋于直线，与健康期和感病中期马尾松对应时间点净光合速率值之间的差异也达到了极显著水平($P<0.01$)。

3.3.2 马尾松针叶蒸腾速率的日变化

由感染松材线虫病不同阶段马尾松针叶蒸腾速率的日变化图可知(图 3-2)，健康期马尾松蒸腾速率的日变化趋势呈现出"双峰"变化曲线，在 11：00 和 15：00 左右时分别出现"峰值"。处于感病中期的马尾松，其蒸腾速率变化呈现出"单峰"曲线，7：00~9：00 时蒸腾速率缓慢增加，在 11：00 左右达到峰值，随后其蒸腾速率的数值开始逐渐降低。感病末期的马尾松，其蒸腾速率日变化趋势不明显，各个时间点的蒸腾速率值接近于 $0mmol$ $H_2O \cdot m^{-2} \cdot s^{-1}$，与其他三个感病阶段马尾松对应数值之间的差异均达到了极显著水平($P<0.01$)。

3.3.3 马尾松针叶气孔导度的日变化

由图 3-3 可知，松材线虫病危害健康马尾松树后，可导致其针叶气孔导度急剧下降，且不同感病阶段对应数值之间的差异均达到极显著水平($P<0.01$)。处于健康期的马尾松针叶的气孔导度日变化呈现出"双峰"曲线。处于感病中期的马尾松树，气孔导度值在 7：00 时，几乎为 $0mol$ $H_2O \cdot m^{-2} \cdot s^{-1}$，在

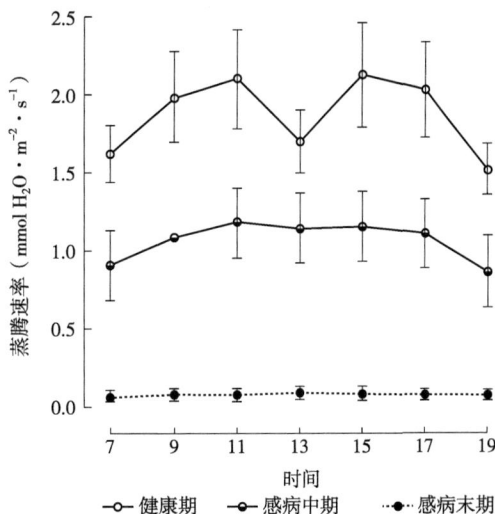

图 3-2 感染松材线虫病不同阶段马尾松针叶
蒸腾速率日变化的影响

7：00～9：00时呈现增加趋势，11：00～17：00时，气孔导度值保持平稳，其数值大约为 0.035mol $H_2O \cdot m^{-2} \cdot s^{-1}$，17：00时后其值逐渐下降。处于感病末期的马尾松树，气孔导度的日变化不明显，各时间点的气孔导度数值几乎均为0mol $H_2O \cdot m^{-2} \cdot s^{-1}$。

3.3.4 马尾松针叶细胞间 CO_2 浓度的日变化

由图3-4可知，感染松材线虫病不同阶段马尾松针叶细胞间 CO_2 浓度的日变化曲线表现出较大的差异。健康期马尾松针叶细胞间 CO_2 浓度的日变化趋势呈现出"V"型曲线，即在7：00时细胞间 CO_2 浓度较高，7：00～13：00时细胞间 CO_2 浓度变化曲线呈现下降的趋势，并在13：00时达到最低值，随后细胞间 CO_2 浓度的变化曲线呈现升高趋势，并在19：00时达到最大值。随着松材线虫病危害程度的增加，感病中期马尾松细胞间 CO_2 浓度的日变化曲线呈现出不同程度的下降，在9：00～11：00和15：00～17：00时，其与健康期对应数值之间的差异均达到了极显著水平($P<0.01$)。处于感病末期马尾松在各个时间点细胞间 CO_2 浓度呈现出不规则的变化趋势。

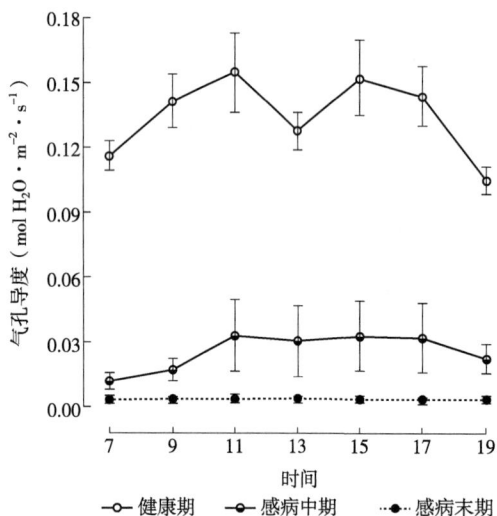

图3-3 感染松材线虫病不同阶段马尾松针叶气孔导度日变化

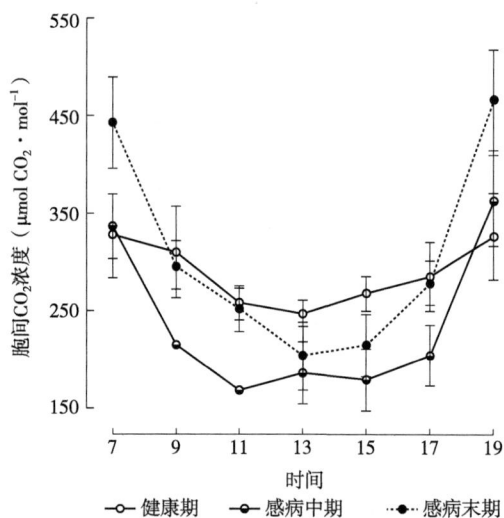

图3-4 感染松材线虫病不同阶段马尾松针叶细胞间 CO_2 浓度日变化

3.3.5 马尾松针叶气孔限制值的日变化

先前研究表明，通常采用植物叶片细胞间 CO_2 浓度和气孔限制值的变化方向来判断绿色植物光合速率下降的原因。当叶片细胞间 CO_2 浓度降低气孔限制值升高时，表明气孔因素限制是导致叶片光合速率下降的主要原因；反之，非气孔因素限制为主要原因。本研究中，马尾松树感染松材线虫病后其净光合速率急剧下降，除了7：00和19：00外，对应感病阶段马尾松针叶气孔限制值增加(图3-5)。因此，在松材线虫胁迫条件下，马尾松针叶表面的气孔部分或者全部关闭是导致其光合作用和资源利用效率急剧下降的主要原因。

3.3.6 马尾松光合响应曲线

图 3-6 为感染松材线虫病不同阶段马尾松树的光合响应曲线变化图。由图可知，当光量子通量密度为 $0 \sim 50 \mu mol \cdot m^{-2} \cdot s^{-1}$ 时，不同感病阶段马尾松树的净光合速率数值之间的差异不明显；当光量子通量密度在 $50 \sim 2000 \mu mol \cdot m^{-2} \cdot s^{-1}$ 时，处于感病中期和感病末期马尾松的净光合速率的数值显著低于健康期马尾松对应光照强度的数值（$P < 0.05$），且处于感病末期马尾松在各个光量子通量密度下，其净光合速率数值均小于 $0 \mu mol\ CO_2 \cdot m^{-2} \cdot s^{-1}$。

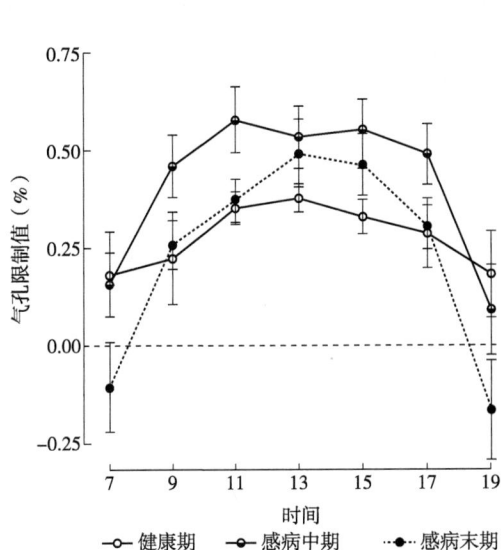

图 3-5　感染松材线虫病不同阶段
马尾松针叶气孔限制值的日变化

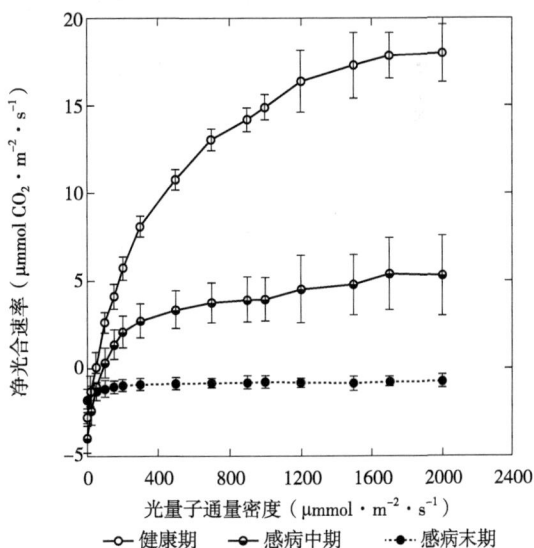

图 3-6　感染松材线虫病不同阶段
马尾松光合响应曲线

3.3.7 马尾松针叶光合响应指标

由表 3-5 可知，感染松材线虫病不同阶段马尾松的最大净光合速率数值之间的差异到达到极显著水平（$F = 190.07$，$P < 0.01$），其中，健康期马尾松树的最大净光合速率为 $18.71 \mu mol\ CO_2 \cdot m^{-2} \cdot s^{-1}$，感病中期和感病末期最大净光合速率分别为 $7.73 \mu mol\ CO_2 \cdot m^{-2} \cdot s^{-1}$ 和 $-0.66 \mu mol\ CO_2 \cdot m^{-2} \cdot s^{-1}$。不同感病阶段马尾松的最大净光合速率与叶片 N% 之间呈现极显著的正相关性（图 3-7，Adj. $r^2 = 0.617$，$P < 0.001$），说明感病马尾松针叶最大净光合速率数值的降低可能与马尾松针叶 N% 下降有关。此外，不同感病阶段马尾松的暗呼吸速率数值之间的差异也达到极显著水平（$F = 146.459$，$P < 0.01$），其数值的大小表现为：感病中期（$3.99 \mu mol \cdot m^{-2} s^{-1}$）>健康期（$2.81 \mu mol \cdot m^{-2} s^{-1}$）>感病末期（$1.85 \mu mol \cdot m^{-2} s^{-1}$）。健康期马尾松的光补偿点为 $59.33 \mu mol \cdot m^{-2} \cdot s^{-1}$，显著低于感病中期的光补偿点 $82.00 \mu mol \cdot m^{-2} \cdot s^{-1}$，

但是其光饱和点 1202.67μmol·m^{-2}·s^{-1}显著高于感病中期的光饱和点 431.33μmol·m^{-2}·s^{-1}。

表 3-5　感染松材线虫病不同阶段马尾松针叶光合响应指标

光合指标 （μmol·m^{-2}·s^{-1}）	健康期	感病中期	感病末期
最大净光合速率	18.71±1.99a	7.73±2.21b	-0.66±0.32c
暗呼吸速率	2.81±0.52a	3.99±0.87b	1.85±0.67c
光补偿点	59.33±7.77a	82.00±17.84b	
光饱和点	1202.67±299.13a	431.33±207.84b	

注：表中不同小写字母表示同一光合指标在不同感病阶段中差异显著。

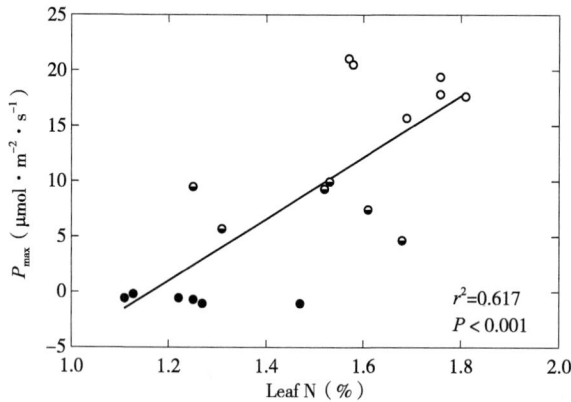

图 3-7　感染松材线虫病不同阶段马尾松针叶 P_{max} 与 N%之间的关系

3.3.8　马尾松针叶碳氮元素

分析感染松材线虫病不同阶段马尾松针叶的碳氮含量可知（表 3-6），不同感病阶段马尾松针叶的平均碳素含量比较稳定，约为 51.50%左右。与之相反，不同感病阶段马尾松针叶的平均氮素含量变化较大，其数值之间的差异达到极显著水平（$F=16.74$，$P<0.01$）；与健康期马尾松树相比，感病中期和感病末期针叶的氮素损失量分别大约为 12.94%和 27.06%左右。此外，随着松材线虫病危害程度的增加，马尾松针叶 C∶N 的比值也呈现线性增加的趋势，且不同感病阶段间其值的组间差异达到了极显著水平（$F=14.114$，$P<0.01$）。

表 3-6　感染松材线虫病不同阶段马尾松针叶 C、N 含量

养分含量	健康期	感病中期	感病末期
C_{mass}（%）	51.52±0.95a	51.82±0.68a	51.41±0.78a
N_{mass}（%）	1.70±0.11a	1.48±0.17b	1.24±0.13c
C∶N	30.50±2.16a	35.32±4.18b	41.77±4.32c

注：表中不同小写字母表示同一养分含量指标在不同感病阶段中差异显著。

3.3.9 马尾松针叶氮含量与碳同位素比值($\delta^{13}C$)的关系

本研究中，处于健康期马尾松针叶的 $\delta^{13}C$ 含量约为-25.27‰，感病中期和感病末期马尾松针叶 $\delta^{13}C$ 含量约为-27.75‰，针叶 $\delta^{13}C$ 损失量约为2.5‰左右。此外，马尾松针叶的 $\delta^{13}C$ 含量与N%呈现极显著的正相关性(图3-8，Adj. $r^2 = 0.964$，$P < 0.001$)，说明感染松材线虫病马尾松针叶 $\delta^{13}C$ 的降低与自身针叶 N% 下降有关。

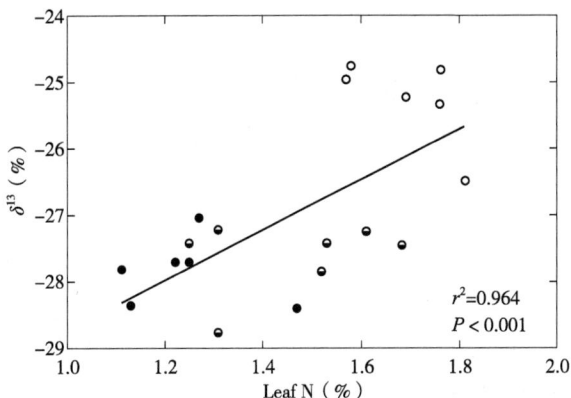

图3-8 感染松材线虫病不同阶段马尾松针叶 $\delta^{13}C$ 与 N% 之间的关系

3.3.10 马尾松针叶光能利用效率变化

由图3-9可知，健康马尾松在光量子通量密度为 $0 \sim 200 \mu mol \cdot m^{-2} \cdot s^{-1}$ 时，其对光能的利用效率随光照强度的增加呈急剧增加的趋势，光能利用效率在光量子通量密度为 $200 \mu mol \cdot m^{-2} \cdot s^{-1}$ 左右时达到最大值 0.03；当光量子通量密度超过 $200 \mu mol \cdot m^{-2} \cdot s^{-1}$ 后，马尾松对光能的利用效率随光照强度的增加呈缓慢下降的趋势。感病中期马尾松与健康期马尾松的光能利用效率变化趋势相似，但是其最大光能利用效率仅为0.01，且各光量子通量密度对应的光能利用效率均显著低于健康马尾松树对应值($P < 0.01$)。感病末期，马尾松的光能利用效率几乎趋于一条直线，其在各光量子通量密度下光能利用效率的数值均小于0。

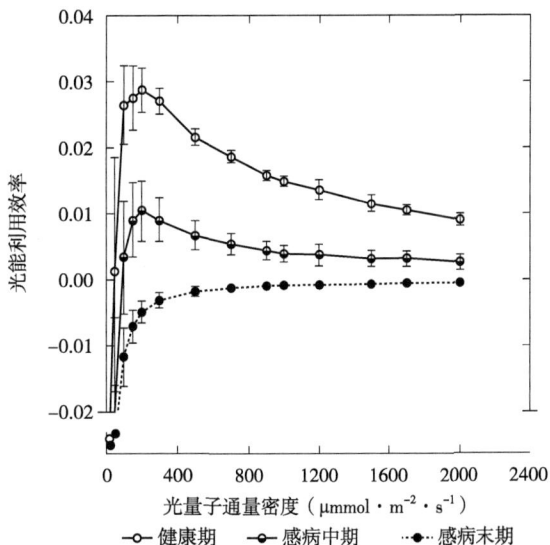

图3-9 感染松材线虫病不同阶段马尾松针叶在不同光量子通量密度下光能利用效率变化

3.3.11 马尾松针叶水分利用效率变化

图 3-10 为感染松材线虫病不同阶段马尾松针叶的水分利用效率变化情况，由图 3-10 可知，松材线虫的入侵显著影响着不同感病阶段马尾松树对水分的利用效率（$P<0.05$）。处于健康期的马尾松，其对水分的利用效率随着光量子通量密度的增加呈急剧增大的趋势；当光量子通量密度达到 $500\mu mol \cdot m^{-2} \cdot s^{-1}$ 左右时，其水分利用效率达到最大值；此后，随着光量子通量密度的持续增加，水分利用效率数值几乎不变。感病中期马尾松与健康马尾松的水分利用效率变化趋势相似，但各个光量子通量密度对应的水分利用效率数值均低于健康马尾松对应值。由于感病末期马尾松净光合速率小于 $0\mu mol\ CO_2 \cdot m^{-2} \cdot s^{-1}$，故其在各个光量子通量密度下的水分利用效率均为负值。

3.3.12 马尾松针叶羧化效率变化

图 3-11 为感染松材线虫病不同阶段马尾松针叶的羧化效率。由图 3-11 可知，松材线虫侵染健康马尾松后可以显著改变其针叶羧化效率，感染松材线虫病不同阶段的马尾松在不同光量子通量密度下的羧化效率存在显著的差异，各个光量子通量密度对应羧化效率数值大小均表现为：健康期>感病中期>感病末期。处于感病末期的马尾松，其针叶的羧化效率在各个光量子通量密度下均小于 $0mol \cdot m^{-2} \cdot s^{-1}$。

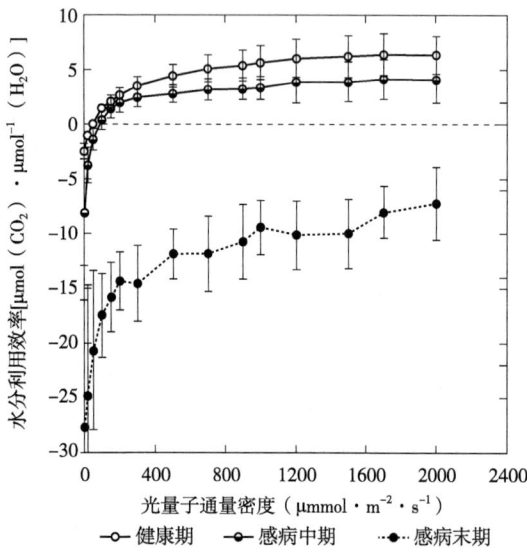

图 3-10　感染松材线虫病不同阶段马尾松针叶
不同光量子通量密度下水分利用效率变化

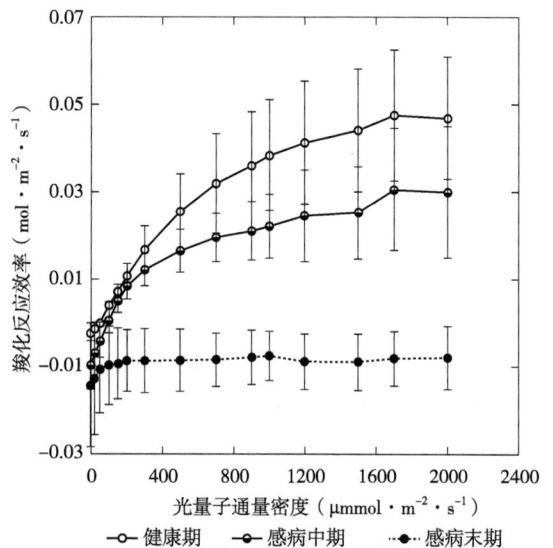

图 3-11　感染松材线虫病不同阶段马尾松针叶
不同光量子通量密度下羧化效率变化

3.4　小结与讨论

绿色植物的光合特性是其自身重要的光合生理参数，对外界环境因素的刺激，可以做出快速、敏感的反应（Bigot et al.，2007；Hsu et al.，2015）。本节研究结果表明，松材线虫入侵健康马尾松后，可导致其针叶的净光合速率、细胞间 CO_2 浓度、蒸腾速率和气孔导度等相关光合因子发生显著变化。健康期马尾松光合速率的日变化趋势表现出明显的"双峰"曲线，当马尾松感染松材线虫病后，其净光合速率开始急剧下降，这也是马尾松对生存环境生态适应和自我调节机制的表现（张向峰等，2012）。处于感病末期马尾松的净光合速率在各个时间点时均小于 $0\mu mol\ CO_2 \cdot m^{-2} \cdot s^{-1}$，这说明此阶段光合速率要小于呼吸速率，马尾松趋向于死亡状态。此外，感染松材线虫病不同阶段马尾松针叶的蒸腾速率和气孔导度数值的日变化与净光合速率日变化相似，均表现为健康期>感病中期>感病末期。此测量结果与先前文献报道一致，即植物在不同健康状态的净光合速率、蒸腾速率和气孔导度的变化趋势相似（Farquhar and Caemmerer 1982；Meinzer et al.，2004；Bigot et al.，2007；Hsu et al.，2015）。

　　健康的寄主松树感染松材线虫病后，病原线虫可以导致寄主松树的木质部和管胞功能紊乱，阻止树体内部液流上升和水分的运输（Zhao et al.，2008）。当寄主松树冠部组织得不到所需水分时，可导致叶肉细胞脱水，从而致使针叶表面的气孔部分或全部关闭，减少了与外界水分和 CO_2 的交换，从而导致蒸腾速率下降。此外，感病马尾松针叶内水分的缺失，可导致叶肉细胞内与光合作用相关的二磷酸羧化酶和与卡尔文循环相关的关键酶活性失活，使光合能力显著下降。此外，气孔导度是衡量植物叶片气孔交换的重要指标，它表示植物叶片气孔与外界进行气体交换的通畅程度，气孔导度的变化会对植物叶片内水分、CO_2 的状况产生直接的影响（朱教君等，2006；张向峰等，2012）。本章节研究结果表明：在松材线虫胁迫条件下，马尾松光合作用的急剧下降主要受气孔因素的制约。处于健康期的马尾松，其净光合速率和蒸腾速率的日变化曲线与对应阶段气孔导度的日变化曲线基本一致，波峰和波谷出现的时间点也基本一致。处于感病中期的马尾松，三者的日变化均呈现出"单峰"曲线，峰值出现在 13 时左右。感病末期的马尾松，针叶净光合速率、蒸腾速率和气孔导度的日变化趋势亦一致。此外，绿色植物在逆境条件下，对气孔因素限制比非气孔因素限制反应更为敏感，一般在胁迫初期，气孔因素会限制植物的光合作用，随着胁迫程度的加重，非气孔因素限制逐渐起主导作用（李嘉瑞等，1996；胡晓健，2007）。因此，后续研究应该主要分析感病马尾松针叶的叶绿体片层结构、植物膜系统、叶绿体酶活性等指标，以确定非气孔因素是否也参与限制了感病马尾松的光合作用。

　　绿色植物光合作用的光响应曲线是研究植物光合生理过程对外界环境响应的基础（Elfadl et al.，2006；姬明飞等，2013），它描述的是植物净光合速率和外界光强度之间的关系，可反映一定光照辐射强度条件下，绿色植物对外界生长环境的适应性和自身潜在的光合能力（韦兰英等，2010）。此外，通过该曲线也可以求出植物的表现量子效率、最大净光合速率、光饱和点、光补偿点和暗呼吸速率等各种生理参数（蒋高明等，1999）。本章节采用"直角双曲线修改模型"来拟合处理所测得感染松材线虫病不同阶段马尾松的光合响应曲线。结果表明，松材线虫侵染健康马尾松后，会显著影响其光合响应曲线和光合响应指标。随着遭受松材线虫病危害程度的加重，马尾松树的光合响应曲线在光量子通量密度 $50 \sim 2000 \mu mol \cdot m^{-2} \cdot s^{-1}$ 条件下，其净光合速率值呈现出急剧下降的趋势，且处于感病末期马尾松的净光合速率值在各个光量子通量密度下均小于 $0 \mu mol \ CO_2 \cdot m^{-2} \cdot s^{-1}$。马尾松净光合速率下降的主要原因是由于寄主马尾松树在遭受松材线虫病侵染后，其针叶表面的气孔部分或者全部关闭，从而减少了针叶细胞内与外界水分和 CO_2 的交换，最终导致叶肉细胞内与光合作用相关的二磷酸羧化酶和与卡尔文循环相关的关键酶活性失活，从而导致光合能力显著下降（Nabity et al.，2006；Zhao et al.，2008；Walia et al.，2010）。

绿色植物的光补偿点是光合强度和呼吸强度达到动态平衡时的光照强度，光饱和点是其光合作用达到最高效率时的光照强度。二者是植物光合作用过程中最重要的两个光合生理指标，它们均反映了植物对所需光照条件的要求（张向峰，2013）。本研究中，健康期马尾松的光饱和点显著高于感病中期马尾松的光饱和点，但是光补偿点显著低于感病中期的光补偿点，这说明健康的马尾松树对外界光照环境条件的适应能力较强；当健康马尾松感染松材线虫病后，会显著降低其对外界光照环境的适应能力（杨兴洪，2005；杨秀芳等，2009；张向峰，2013）。

此外，当健康马尾松感染松材线虫病后，其针叶的暗呼吸速率数值也会出现较大的变化。分析感染松材线虫病不同阶段马尾松树暗呼吸速率的数值发现，感病中期马尾松暗呼吸速率值要大于健康期和感病末期马尾松的暗呼吸速率值。究其原因可能为，在松材线虫病侵染健康马尾松初期，寄主松树需要消耗较多的光合作用产物用于支持自身的防御系统抵御松材线虫的入侵和媒介昆虫松墨天牛的取食（邹春静等，2003；Zhao et al.，2008）。到了感病末期，寄主松树的树势变得严重衰落，其暗呼吸速率数值也降到了较低的水平。先前研究亦表明，欧洲防风草（*Pastinaca sativa*）的叶子在人工刺破 2 小时后，其暗呼吸速率值会增加 19% 左右（Zangerl et al.，1997）；菜豆（*Phaseolus vulgaris*）叶片遭受锈菌和碳蛆菌侵染 10 天左右，其暗呼吸速率的数值也会随着危害程度的增加而呈现线性增大的变化趋势（Lopes and Berger，2001）。

本研究中，当健康的马尾松树感染松材线虫病后，处于感病中期和感病末期的马尾松针叶氮素分别损失了 12.94% 和 27.06%。此结果与前人研究一致，Cabrera-Bosquet 于 2007 年发表文献报道，绿色植物在受到生物或者非生物环境因子刺激时，其叶片氮素含量也变得极易损失（Cabrera-Bosquet et al.，2007）。此外，西部铁杉（*Tsuga heterophylla* Sarg.）在遭受到矮槲（*Arceuthobium* spp.）寄生后，其针叶的氮素损失量大约为 35%（Meinzer et al.，2004）。此外，马尾松针叶的氮素含量大量损失后，会影响叶肉细胞内与光合作用相关的二磷酸羧化酶的活性，致使其活性降低甚至失活。因此，针叶氮素损失也是导致马尾松光合能力显著下降的一个主要原因（Walia et al.，2010）。此外，绿色植物叶片的 $\delta^{13}C$ 是反映植物与外界环境因素相互关系的重要指标（Dawson et al.，2002；Flower et al.，2013），其可表征绿色植物叶片的长期水分利用效率（Farquhar et al.，1989；Querejeta et al.，2003；Meinzer et al.，2004；Walia et al.，2010）。此外，绿色植物的 $\delta^{13}C$ 含量与植物自身的光合能力和叶片的氮素含量关系密切（Dawson et al.，2002；Flower et al.，2013）。本研究中，马尾松针叶的 $\delta^{13}C$ 含量与氮元素比例呈现极显著的正相关性，说明感病马尾松针叶 $\delta^{13}C$ 降低与自身针叶氮元素比例下降有关。此外，处于健康期马尾松针叶的 $\delta^{13}C$ 含量约为-25.27‰，感病马尾松针叶 $\delta^{13}C$ 损失量约为 2.5‰。分析其原因可能与感病马尾松针叶气孔导度下降导致细胞间 CO_2 与外界 CO_2 比值下降有关（Farquhar 1989；Cabrera-Bosquet et al.，2007；Walia et al.，2010）。本研究结果与先前文献亦报道一致，西部铁杉在遭受到矮槲寄生后，其针叶的 $\delta^{13}C$ 含量也显著下降（Sala et al.，2001；Meinzer et al.，2004）。

相关研究表明，绿色植物的资源利用效率反映的是植物自身对光照、水分等资源吸收和利用的情况。绿色植物为了最大程度的利用外界资源，需要同自然环境进行长期斗争，因此也导致不同植物具有自身独特的形态学和生理生态学特性（张秀娟，2011）。当植物遭受到外界光照、温度、湿度、水分胁迫及病虫害等胁迫因子干扰刺激时，极易影响到其对光照、水分、氮素等资源的利用情况（Field et al.，1983；展小云等，2012；Gao et al.，2017）。本章节同时分析了感染松材线虫病不同阶段马尾松的光能利用效率、水分利用和羧化效率的变化。

光照是绿色植物生长发育过程中所必需的资源，植物对光能的利用效率是评估植物光合生产力的重要参数（Akmal and Janssens，2004；Gao et al.，2017）。本研究结果分析表明，松材线虫病的侵染，会显著降低健康马尾松树的光能利用效率，而光能利用效率下降的主要原因是感病寄主净光合速率下降。寄主马尾松在遭受松材线虫病侵染后，其针叶表面的气孔部分或者全部关闭，减少了与外界水分和 CO_2 的交换，最终导致叶肉细胞内与光合作用相关的二磷酸羧化酶和与卡尔文循环相关的关键酶活性失活，从而导致感病寄主植物光能利用效率显著下降（Nabity et al.，2006，Walia et al.，2010；Gao et al.，2017）。

植物的水分利用效率指的是叶片在蒸腾一定水分后干物质累积的量，它反映了植物代谢功能和植物生长与水分利用之间的关系（刘国利等，2009）。本研究中，松材线虫的入侵会改变不同感病阶段马尾松树的水分利用效率。处于健康期的马尾松，其对水分的利用效率随着光量子通量密度的增加呈现急剧增大的趋势；处于感病中期和感病末期马尾松针叶的水分利用效率均低于健康期马尾松对应数值。但是，感病中期马尾松水分利用效率要显著大于感病末期马尾松水分利用效率数值，究其原因可能为松材线虫危害健康马尾松树后，植物启动自身的防御系统以抵御松材线虫的持续侵染和媒介昆虫松墨天牛的取食（邹春静等，2003；Zhao et al.，2008），因此寄主自身保持较高的水分利用效率，以完成更多的生理生化反应，从而提高适应逆境环境的能力（杨全等，2010；张向峰等，2012）。处于感病末期马尾松树净光合速率的数值小于 $0\mu mol\ CO_2 \cdot m^{-2} \cdot s^{-1}$，故其水分利用效率为负值。

绿色植物的羧化效率是评估植物生产能力的重要参数，也是反映植物对外界环境胁迫抵抗能力的一个重要指标（Akmal and Janssens，2004）。不同植物物种叶片的羧化速率存在较大的差异，而同一植物在受到外界光照、温度、水分等环境因素影响时，亦会对其自身的羧化速率产生较大的影响（Cai et al.，2010；Tobita et al.，2011；张彦敏等，2012）。本研究中，感染松材线虫病的马尾松树，其羧化速率开始急剧下降，且处于感病末期的马尾松树的羧化效率为负值。究其原因可能是松材线虫病侵染健康马尾松树后，其针叶表面的气孔部分或者全部关闭，导致叶肉细胞内 CO_2 浓度急剧下降，满足不了自身光合作用所需量，最终导致感病马尾松针叶羧化效率急剧降低。先前研究亦证明植物叶片气孔关闭是导致其羧化速率下降的主要原因。杨志敏等发现紫外线辐射大豆植株后，可显著降低叶片气孔的开度，导致 CO_2 在气孔内的移动速率下降，从而大豆植物叶片的羧化效率显著降低（杨志敏等，1996）。

4 松材线虫入侵对松林生态系统生物量及碳氮储量的影响

4.1 引言

森林生态系统的生物量指的是该生态系统在一定时间内积累的有机质的总量(周玉荣等,2000)。森林生态系统及其各组分的生物量是物质循环和能量流动研究的基础,同时也可反映植物对光能、水分和养分的利用效率(彭少磷等,1994;赵金龙等,2011)。森林生态系统的碳储量和氮储量主要是由其生物量决定的,它们随着生态系统的发展亦发生相应的变化(Vesterdal et al.,2008;Noh et al.,2010)。在宜昌市夷陵区内,当松林生态系统遭受松材线虫病的侵染后,当地林业部门会对感病马尾松树进行伐除、清理,这一防治措施在降低马尾松林生态系统林分密度的同时,可能会提高单株立木的生物量,也可能会提高土壤有机质的分解速率和植物根系的呼吸速率(林开淼,2015)。由此推断,松材线虫病侵染健康马尾松林生态系统后,可能会对马尾松林生态系统及其各组分的生物量、碳储量和氮储量带来一定的影响。

本章节以感染松材线虫病不同年限马尾松林生态系统(健康、感病1年、感病3年、感病5年、感病7年)为研究对象,采用"样方法"和"每木调查法",分析感染松材线虫病不同年限马尾松林生态系统及其各组分生物量、碳储量和氮储量的分配格局的变化。

4.2 材料与方法

4.2.1 马尾松林生态系统各组分生物量调查

4.2.1.1 乔木层树种生物量

采用"平均标准木直接收获法"调查生态系统内马尾松的生物量,每个样地内选取5株长势良好、有完整树冠的马尾松立木作为标准木。采用"分层切割法"对所选取的标准木进行以下调查:在树干1.3m处开始对标准木进行分段,①当树高<15m时,以后按照1.0m长度进行分段;②当树高>15m时,以后按照2.0m长度进行分段(中华人民共和国林业行业标准:森林生态系统长期定位观测方法 LY/T 1952—2011)。随后,对每段马尾松标准木的树枝、树叶、树干、树皮、树根进行分析,详情如下。

（1）树枝、树叶

对马尾松的树枝和树叶进行分级调查，将所选取马尾松标准木的树冠等分为上、中、下3层，统计每层树冠内不同基径树枝的数量，树枝基径分级标准为：$d_1 < 1.0$cm，1.0cm $\leq d_1 < 2.0$cm，2.0cm $\leq d_1 < 4.0$cm，及 $d_1 \geq 4.0$cm；

①每层树枝按照树枝基径的比例选取3个标准枝，分别称取其枝叶总鲜重；

②随后分别摘取对应枝条的马尾松针叶，称取其去叶鲜重；

③根据以上测量，即可计算出总枝鲜重和总叶鲜重；

④分别称取一定数量每层内的各个基径级枝条及对应针叶的样本，装袋、记录；

⑤将所选取马尾松树枝、树叶样本带回实验室内，在75℃烘箱内烘干至恒重，计算出对应标准木树枝、树叶干物质的生物量；

（2）树干、树皮

①采用"分层切割法"对马尾松标准木树干进行解析，分别称取每一段树干及树皮的鲜重；

②在每个树段的中间位置，截取5.0cm厚的圆盘，对圆盘进行编号，分别测定每个圆盘的带皮鲜重和去皮鲜重，并对样本进行装袋、记录；

③将所选取马尾松树干、树皮样本带回实验室内，在75℃烘箱内烘干至恒重，计算出对应标准木树干、树皮干物质的生物量；

（3）树根

①从马尾松标准木树干基部的上、下、左、右分别挖取树木根系，擦拭干净后，称其鲜重；

②随机选取1000克马尾松标准木的树根，对其进行装袋、记录；

③将所选取马尾松树根样本带回实验室内，在75℃烘箱内烘干至恒重，计算出对应标准木树根干物质的生物量；

4.2.1.2 林下层植被生物量

（1）灌木层植被生物量

每个样地内采用"五点取样法"，在大样地中心和四周设置5个大小为2m×2m的灌木亚样方，调查并记录亚样方内所有灌木的物种名、株数、基径、高度。据所测数据，计算出灌木亚样方内优势种的平均基径和高度，每个优势种随机选取5株标准株，将其地上、地下部分进行完全收获，称其鲜重。随机选取1000克灌木植株样本，对其进行装袋、记录；带回实验室内，在75℃烘箱内烘干至恒重，计算出对应灌木层植被样品的生物量。

（2）草本层植被生物量

每个样地内采用"五点取样法"，在大样地中心和四周设置5个大小为1m×1m的草本植物亚样方，调查并记录亚样方内所有草本植物的物种名、盖度、高度。采用"样方收获法"，将草本植物亚样方内的所有草本层植株全部收获并进行鲜重测量，并随机选取1000

克草本植株样本，对其进行装袋、记录；带回实验室内，在75℃烘箱内烘干至恒重，计算出对应草本层植被样品的生物量。

4.2.1.3 凋落物层生物量

根据颜色及分解状态，将马尾松林生态系统内凋落物层划分为未分解层、半-已分解层（陶立超等，2014），详情见表4-1。采用"五点取样法"，在每个样地的中心和四周设置5个大小为1m×1m的亚样方，将样方内所有的凋落物层按照未分解层和半-已分解层分别收集、称量鲜重，混匀后每层随机选取500克样本，对其进行装袋、记录；带回实验室内，在75℃烘箱内烘干至恒重，计算出对应层次样品的生物量。

表4-1 马尾松林生态系统内凋落物层划分

分解状态	主要特征
未分解层	凋落物如枝、叶、球果等的颜色和形态基本保持刚落地的状态，外表看不出分解的迹象
半-已分解层	包括发酵分解层和腐殖质层，凋落物已无完整外观轮廓或已经分解、粉碎、腐烂甚至不能辨识原形的部分

4.2.2 样品碳氮含量测定

测定马尾松林生态系统内各组分生物量的同时，采集乔木层、林下层和凋落物层对应组分样品，主要包括：马尾松的树干、树皮、树枝、树叶、树根及灌木层、草本层、未分解层、半-已分解层的样品。将采集的样品密封、编号，带回实验室在75℃烘箱中烘至恒重，并对其粉碎、过筛，用"重铬酸钾加热法"测定对应样品的含碳率，用"凯氏定氮法"测定对应样品的含氮率（刘光崧，1996）。此外，为估算乔木层树种中除去马尾松树之外其余树种的碳储量和氮储量，本研究采用50%作为乔木层中其余树种的碳含量系数（Fang et al.，1998），采用1.37%作为乔木层中其余树种的氮含量系数（王卫霞，2013）。

每个样方内采用"五点取样法"，采集土壤样品。利用环刀（100cm^3）收集每个样方内0~10cm、10~20cm、20~30cm和30~40cm土壤层的样品，带回实验室内分析各样方内土壤容重。此外，为分析各层次土壤的含碳率，收集每个土壤层的样品，并对其进行充分混合；人工去除土壤样品内的石子、动植物残体等杂质，风干、研磨，使其土壤颗粒能够通过2mm孔径的筛子，用"重铬酸钾加热法"测定对应土壤样品的含碳率，用"凯氏定氮法"测定对应土壤样品的含氮率。

4.2.3 马尾松林生态系统及各组分生物量计算

4.2.3.1 马尾松生物量

采用单因素变量建立关于马尾松树的DBH和各个器官生物量之间的异素方程，方程表达式如下：

$$Y = a\,x^b + \varepsilon \tag{4-1}$$

式中，x 为所测马尾松树的 DBH(cm)，Y 为所测马尾松器官的生物量(kg)，a 和 b 是异素方程的参数，ε 为方程的误差项。

感染松材线虫病不同年限马尾松林生态系统内马尾松的生物量计算公式如下：

$$B_{Tik} = \frac{1}{n} \sum_{k=1}^{n} \left(B_{\text{干}ik} + B_{\text{皮}ik} + B_{\text{枝}ik} + B_{\text{叶}ik} + B_{\text{根}ik} \right) \tag{4-2}$$

式中，i 为马尾松林生态系统的感病年限($i = \{0, 1, 3, 5, 7\}$)；B_{Tik} 为感染松材线虫病 i 年第 k 块样地内马尾松的生物量($t \cdot hm^{-2}$)；n 为生态系统内马尾松林样地数量；B_{ik} 为感染松材线虫病 i 年第 k 块样地内马尾松各器官的生物量。

4.2.3.2 其余树种生物量

本研究共调查了 37 种乔木物种，整体而言，马尾松重要值为 49.63%，是生态系统内的优势种，其余树种主要以槲栎、樟树、栓皮栎、栾树、泡桐和杜英等阔叶树种为主。为了分析乔木层中除去马尾松树之外树种的生物量，本研究采用曾立雄等(2008)发布的针对三峡库区内阔叶树种生物量模型(表 4-2)，可利用此模型和其余树种的平均树高和平均 DBH，估算不同类型马尾松林生态系统内乔木层树种中除去马尾松树后其余树种的生物量。

表 4-2 三峡库区阔叶树种生物量预测模型

模型	组分	参数 a	参数 b	F 值	P 值
$W = a(D^2 H)^b$	干	277.8	1.21	650.93	<0.01
	皮	20.33	0.64	34.56	<0.01
	枝	38.2	0.52	19.75	<0.01
	叶	3.55	0.08	12.94	<0.01
	根	74.87	0.84	178.68	<0.01
	单株	374.8	0.89	294.01	<0.01

注：(1)F、P 值是为了检验阔叶树种生物量预测模型公式是否合适的程度，若 $P < 0.01$，则为极高精确度，模型可用来预测。

(2)a、b 为模型预测时的常数。

4.2.3.3 生态系统总生物量

分别计算出不同生态系统内马尾松林生态系统乔木层、林下层以及凋落物层的生物量，将样地内的各个层次生物量累加后求其平均值，即可得到对应生态系统内总生物量，计算公式如下：

$$B_i = \frac{1}{n} \sum_{k=1}^{n} \left(B_{Tik} + B_{Uik} + B_{Lik} \right) \tag{4-3}$$

式中，i 为马尾松林生态系统的感病年限($i = \{0, 1, 3, 5, 7\}$)；n 为生态系统内马尾松林样地数量；B_i 为感染松材线虫病 i 年马尾松林生态系统生物量($t \cdot hm^{-2}$)；B_{Tik}、B_{Uik}、和 B_{Lik} 分别为感病 i 年马尾松林生态系统内第 k 块样地内乔木层生物量、林下层生物量和凋落物层生物量($t \cdot hm^{-2}$)。

4.2.4 马尾松林生态系统及各组分碳储量计算

4.2.4.1 乔木层树种碳储量

根据马尾松与其余树种各器官的生物量和含碳率，计算感染松材线虫病不同年限马尾松林生态系统内乔木层树种的碳储量，计算公式如下：

$$C_{Tik} = \frac{1}{n}\sum_{k=1}^{n}(B_{干ik}\times C_干 + B_{皮ik}\times C_皮 + B_{枝ik}\times C_枝 + B_{叶ik}\times C_叶 + B_{根ik}\times C_根) \tag{4-4}$$

式中，i 为马尾松林生态系统的感病年限（$i=\{0,1,3,5,7\}$）；C_{Tik} 为感染松材线虫病 i 年第 k 块样地内乔木层的碳储量（$t\cdot hm^{-2}$）；n 为生态系统内马尾松林样地数量；B_{ik} 为感染松材线虫病 i 年第 k 块样地内马尾松与其余树种各器官的生物量；C 为马尾松与其余树种各器官的含碳率。

4.2.4.2 林下层植被碳储量

根据灌木层与草本层的生物量和含碳率，计算感染松材线虫病不同年限马尾松林生态系统内林下层植被的碳储量，计算公式如下：

$$C_{Uik} = \frac{1}{n}\sum_{k=1}^{n}(B_{灌ik}\times C_灌 + B_{草ik}\times C_草) \tag{4-5}$$

式中，i 为马尾松林生态系统的感病年限（$i=\{0,1,3,5,7\}$）；C_{Uik} 为感染松材线虫病 i 年第 k 块样地内林下层碳储量（$t\cdot hm^{-2}$）；n 为生态系统内马尾松林样地数量；B_{ik} 为感染松材线虫病 i 年第 k 块样地内灌木层和草本层的生物量；C 为灌木层和草本层植物的含碳率。

4.2.4.3 凋落物层碳储量

根据分解层与半-已分解层生物量和含碳率，计算感染松材线虫病不同年限马尾松林生态系统内凋落物层碳储量，计算公式如下：

$$C_{Lik} = \frac{1}{n}\sum_{k=1}^{n}(B_{未ik}\times C_未 + B_{半-已ik}\times C_{半-已}) \tag{4-6}$$

式中，i 为马尾松林生态系统的感病年限（$i=\{0,1,3,5,7\}$）；C_{Lik} 为感染松材线虫病 i 年第 k 块样地内凋落物层碳储量（$t\cdot hm^{-2}$）；n 为生态系统内马尾松林样地数量；B_{ik} 为感染松材线虫病 i 年第 k 块样地内未分解层和半-已分解层的生物量；C 为未分解层和半-已分解层的含碳率。

4.2.4.4 土壤层碳储量

根据样方土壤采样点每层土壤的容重和含碳率，计算对应层次土壤层碳储量，计算公式如下：

$$C_{so} = C_i B_d H_i \times 100 \tag{4-7}$$

式中，C_{so} 为马尾松林生态系统内土壤层碳储量（$t\cdot hm^{-2}$）；C_i（$i=\{0,1,3,5,7\}$）为感染松材线虫病 i 年马尾松林生态系统内对应土壤层碳含量（$g\cdot kg^{-1}$）；B_d 为对应土壤层容重（$g\cdot cm^{-3}$）；H 为对应土壤层厚度（cm）。

4.2.4.5 生态系统碳储量

分别计算出感染松材线虫病不同年限马尾松林生态系统乔木层、林下层、凋落物层和土壤层的碳储量，将样地内各层次碳储量累加后求平均值，即可得到对应生态系统的碳储量，计算公式如下：

$$C_i = \frac{1}{n}\sum_{k=1}^{n}(C_{Tik}+C_{Uik}+C_{Lik}+C_{SOik}) \tag{4-8}$$

式中，i 为马尾松林生态系统的感病年限($i=\{0, 1, 3, 5, 7\}$)；n 为生态系统内马尾松林样地数量；C_i 为感染松材线虫病 i 年马尾松林生态系统碳储量($\text{t}\cdot\text{hm}^{-2}$)；$C_{Tik}$、$C_{Uik}$、$C_{Lik}$ 和 C_{SOik} 分别为感病 i 年马尾松林生态系统内第 k 块样地内乔木层、林下层、凋落物层和土壤层的碳储量($\text{t}\cdot\text{hm}^{-2}$)。

4.2.5 马尾松林生态系统及各组分氮储量计算

4.2.5.1 乔木层树种氮储量

根据马尾松与其余树种各器官的生物量和含氮率，计算感染松材线虫病不同年限马尾松林生态系统内乔木层树种的氮储量，计算公式如下：

$$N_{Tik} = \frac{1}{n}\sum_{k=1}^{n}(B_{干ik}\times N_{干}+B_{皮ik}\times N_{皮}+B_{枝ik}\times N_{枝}+B_{叶ik}\times N_{叶}+B_{根ik}\times N_{根}) \tag{4-9}$$

式中，i 为马尾松林生态系统的感病年限($i=\{0, 1, 3, 5, 7\}$)；N_{Tik} 为感染松材线虫病 i 年第 k 块样地内乔木层氮储量($\text{t}\cdot\text{hm}^{-2}$)；$n$ 为生态系统内马尾松林样地数量；B_{ik} 为感染松材线虫病 i 年第 k 块样地内马尾松与其余树种各器官的生物量；N 为马尾松与其余树种各器官的含氮率。

4.2.5.2 林下层植被氮储量

根据灌木层与草本层的生物量和含氮率，计算感染松材线虫病不同年限马尾松林生态系统内林下层植被的氮储量，计算公式如下：

$$N_{Uik} = \frac{1}{n}\sum_{k=1}^{n}(B_{灌ik}\times N_{灌}+B_{草ik}\times N_{草}) \tag{4-10}$$

式中，i 为马尾松林生态系统的感病年限($i=\{0, 1, 3, 5, 7\}$)；N_{Uik} 为感染松材线虫病 i 年第 k 块样地内林下层氮储量($\text{t}\cdot\text{hm}^{-2}$)；$n$ 为生态系统内马尾松林样地数量；B_{ik} 为感染松材线虫病 i 年第 k 块样地内灌木层和草本层的生物量；N 为灌木层和草本层植物的含氮率。

4.2.5.3 凋落物层氮储量

根据分解层与半-已分解层生物量和含氮率，计算感染松材线虫病不同年限马尾松林生态系统内乔木层氮储量，计算公式如下：

$$N_{Lik} = \frac{1}{n}\sum_{k=1}^{n}(B_{未ik}\times N_{未}+B_{半-已ik}\times N_{半-已}) \tag{4-11}$$

式中，i 为马尾松林生态系统的感病年限($i=\{0, 1, 3, 5, 7\}$)；N_{Lik} 为感染松材线虫

病 i 年第 k 块样地内凋落物层的氮储量($t \cdot hm^{-2}$);n 为生态系统内马尾松林样地数量;B_{ik} 为感染松材线虫病 i 年第 k 块样地内未分解层和半-已分解层的生物量;N 为未分解层和半-已分解层的含氮率。

4.2.5.4 土壤层氮储量

根据样方土壤采样点每层土壤的容重和含氮率,计算对应层次土壤氮储量,计算公式如下:

$$N_{so} = N_i B_d H_i \times 100 \tag{4-12}$$

式中,N_{so} 为马尾松林生态系统内土壤层氮储量($t \cdot hm^{-2}$);$N_i (i = \{0, 1, 3, 5, 7\})$ 为感染松材线虫病 i 年马尾松林生态系统内对应土壤层氮含量($g \cdot kg^{-1}$);B_d 为对应土壤层容重($g \cdot cm^{-3}$);H 为对应土壤层厚度(cm)。

4.2.5.5 生态系统氮储量

分别计算出感染松材线虫病不同年限马尾松林生态系统乔木层、林下层、凋落物层和土壤层的氮储量,将样地内的各层次氮储量累加后求平均值,即可得到对应生态系统的氮储量,计算公式如下:

$$N_i = \frac{1}{n} \sum_{k=1}^{n} (N_{Tik} + N_{Uik} + N_{Lik} + N_{SOik}) \tag{4-13}$$

式中,i 为马尾松林生态系统的感病年限($i = \{0, 1, 3, 5, 7\}$);n 为生态系统内马尾松林样地数量;N_i 为感染松材线虫病 i 年马尾松林生态系统氮储量($t \cdot hm^{-2}$);N_{Tik}、N_{Uik}、N_{Lik} 和 N_{SOik} 分别为感病 i 年马尾松林生态系统内第 k 块样地内乔木层、林下层、凋落物层和土壤层的氮储量($t \cdot hm^{-2}$)。

4.2.6 数据的检验和统计

在 SPSS 系统中,采用单因素方差分析(ANOVA)和最小显著差法(LSD)相结合,分析感染松材线虫病不同年限马尾松生态系统内各组分生物量、碳储量及氮储量的变化和组间差异情况。当 $P < 0.05$ 时,定义两个变量之间差异达到显著水平;当 $P < 0.01$ 时,定义两个变量之间差异达到极显著水平。数据的统计分析与作图采用 Microsoft Excel 2010、SPSS 22.0 和 GraphPad Prism 6.0 软件来完成。

4.3 结果与分析

4.3.1 松材线虫入侵对马尾松林生态系统生物量的影响

4.3.1.1 马尾松生物量回归模型及生物量

本研究以马尾松标准木的胸径与树干、树皮、干皮、树枝、树叶、地上部分以及整株树生物量的数据,建立了马尾松 DBH 和各个器官生物量之间的异速生长方程(表4-3)。分析结果可知:该异速生长方程马尾松各器官的判定系数 R^2 较高,F 检验均达到极显著水平($P<0.01$)。因此，本研究中马尾松各组分生物量与 DBH 拟合方程效果较好，可利用此异速生长方程计算生态系统内马尾松树及其各组分的生物量。

根据马尾松各组分生物量的异速方程和每块样地内 DBH≥2.5cm 马尾松树的每木检尺调查数据，可以计算出不同生态系统内马尾松各组分生物量，并将其折换成单位面积上的重量($t \cdot hm^{-2}$)（表4-4）。结果可知，同一生态系统内马尾松各器官生物量数值的大小均表现为：树干>树根>树枝>树皮>树叶。随着马尾松林生态系统遭受松材线虫病危害年限的增加，对应生态系统内马尾松树的总生物量和各器官生物量均呈现下降的趋势，但各生态系统对应组分之间的差异均没有达到显著水平。

表4-3 马尾松各组分生物量异速生长方程模型及其参数

异速方程	组分	系数 a	系数 b	判定系数 R^2	标准估计误差 $S.E.E$	均方残差 MSR	F 值	P 值
$Y=ax^b+\varepsilon$	树干	0.11	2.293	0.992	0.132	0.018	1533.73	<0.01
	树皮	0.029	2.092	0.974	0.214	0.046	489.387	<0.01
	树枝	0.056	2.083	0.964	0.253	0.064	346.64	<0.01
	树叶	0.021	2.064	0.886	0.465	0.216	100.802	<0.01
	树根	0.036	2.355	0.992	0.129	0.017	1691.307	<0.01
	整株	0.256	2.228	0.995	0.095	0.009	2805.816	<0.01

表4-4 感染松材线虫病不同年限马尾松林生态系统内马尾松各组分生物量

组分	ST0 生物量 ($t \cdot hm^{-2}$)	百分比 (%)	ST1 生物量 ($t \cdot hm^{-2}$)	百分比 (%)	ST3 生物量 ($t \cdot hm^{-2}$)	百分比 (%)	ST5 生物量 ($t \cdot hm^{-2}$)	百分比 (%)	ST7 生物量 ($t \cdot hm^{-2}$)	百分比 (%)
树干	32.24±11.65a	50.2	29.03±8.67a	50.5	26.39±6.28a	50.64	22.61±6.29a	50.81	20.85±4.52a	51.09
树皮	5.25±1.77a	8.18	4.64±1.26a	8.07	4.19±0.95a	8.04	3.55±0.93a	7.98	3.22±0.66a	7.89
树枝	9.93±3.34a	15.46	8.77±2.36a	15.26	7.90±1.78a	15.16	6.70±1.74a	15.06	6.07±1.24a	14.87
树叶	3.56±1.19a	5.54	3.14±0.84a	5.46	2.82±0.63a	5.41	2.39±0.62a	5.37	2.16±0.44a	5.29
树根	12.24±4.51a	19.06	11.09±3.41a	19.29	10.10±2.44a	19.38	8.68±2.46a	19.51	8.05±1.77a	19.73
整株	64.22±22.70a		57.48±16.62a		52.11±12.19a		44.50±12.14a		40.81±8.70a	

注：同一行中不同小写字母代表组分在不同林型之间差异显著。

4.3.1.2 乔木层树种生物量

从表4-5 可以看出，感染松材线虫病不同年限的马尾松林生态系统内，乔木层生物总量随着感病年限的增加而呈现下降的趋势，其数值大小表现为：ST0(69.77t·hm⁻²)>ST1(62.44t·hm⁻²)>ST3(57.56t·hm⁻²)>ST5(50.17t·hm⁻²)>ST7(47.82t·hm⁻²)。每个生态系统内，马尾松树地上部分、地下部分的生物量和生物总量，均大于其余树种的生物量对应值。此外，其余树种各组分的生物量及其生物总量的数值随着感病年限的增加而逐渐增大，但各生态系统对应组分之间的差异均没有达到显著水平。

表4-5　感染松材线虫病不同年限马尾松林生态系统内乔木层树种生物量

乔木层		ST0(t·hm^{-2})	ST1(t·hm^{-2})	ST3(t·hm^{-2})	ST5(t·hm^{-2})	ST7(t·hm^{-2})
马尾松	地上部分	51.97±18.21a	46.40±13.24a	42.02±9.75a	35.84±9.69a	32.78±6.94a
	地下部分	12.24±4.51a	11.09±3.41a	10.10±2.44a	8.68±2.46a	8.05±1.77a
	总量	64.22±22.70a	57.48±16.62a	52.11±12.19a	44.50±12.14a	40.81±8.70a
其余树种	地上部分	4.57±1.96a	4.08±1.13a	4.48±1.78a	4.66±1.53a	5.75±1.47a
	地下部分	0.99±0.43a	0.88±0.25a	0.97±0.41a	1.01±0.35a	1.26±0.33a
	总量	5.56±2.39a	4.96±1.38a	5.45±2.19a	5.66±1.88a	7.01±1.80a
总量		69.77±22.08a	62.44±15.27a	57.56±14.31a	50.17±13.84a	47.82±7.56a

注：同一行中不同小写字母代表组分在不同林型之间差异显著。

4.3.1.3　林下层植被生物量

从图4-1可以看出，不同生态系统内灌木层生物量在林下植被层生物总量中占据主导地位，其数值随着马尾松林生态系统遭受松材线虫病危害年限的增加呈现增大趋势，感病7年马尾松林生态系统内灌木层生物量是健康生态系统内灌木层生物量的2.34倍，它们之间的差异也达到了显著水平（$P<0.05$）。不同生态系统内草本层生物量之间的差异变化不明显。林下层植被的生物总量随着马尾松林生态系统遭受松材线虫病危害年限的增加而呈现增加的趋势，生物总量数值大小表现为：ST1（1.97t·hm^{-2}）<ST0（2.37t·hm^{-2}）<ST3（2.46t·hm^{-2}）<ST5（2.90t·hm^{-2}）<ST7（4.16t·hm^{-2}），且ST7与其他几个生态系统内生物总量的差异达到显著水平（$P<0.05$）。

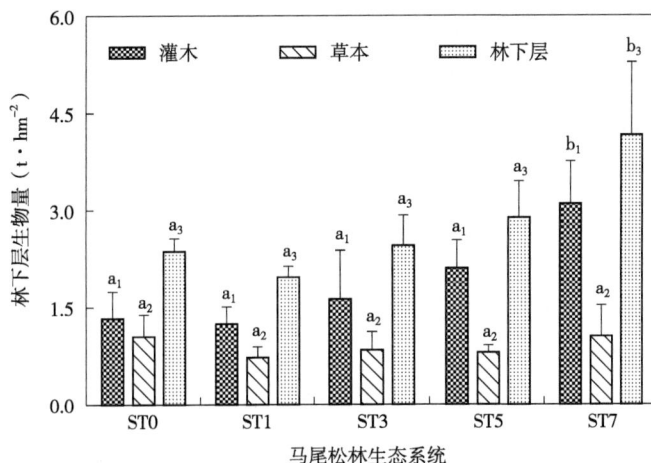

图4-1　感染松材线虫病不同年限马尾松林生态系统内林下层植被生物量

注：1 中不同小写字母表示灌木层生物量在不同类林型之间差异显著；
　　2 中不同小写字母表示灌木层生物量在不同类草本层生物量之间差异显著；
　　3 中不同小写字母表示灌木层生物量在不同类林下层总体生物量之间差异显著。

4.3.1.4　凋落物层生物量

从图4-2可以看出，凋落物层生物总量随着马尾松林生态系统遭受松材线虫病危害年限的增加而呈现增加的趋势，生物总量数值大小为 ST1（12.89t・hm^{-2}）＜ST0（13.70t・hm^{-2}）＜ST3（17.08t・hm^{-2}）＜ST5（21.92t・hm^{-2}）＜ST7（22.59t・hm^{-2}），感病三年后的马尾松林生态系统与健康马尾松林生态系统凋落物层生物总量之间的差异达到显著水平（$P<0.05$）。健康和感病一年的马尾松林生态系统内，未分解层生物量和半-已分解层生物量基本持平；随着危害年限的增加，感病马尾松林生态系统内半-已分解层生物量逐步占据凋落物层生物总量的主导地位。

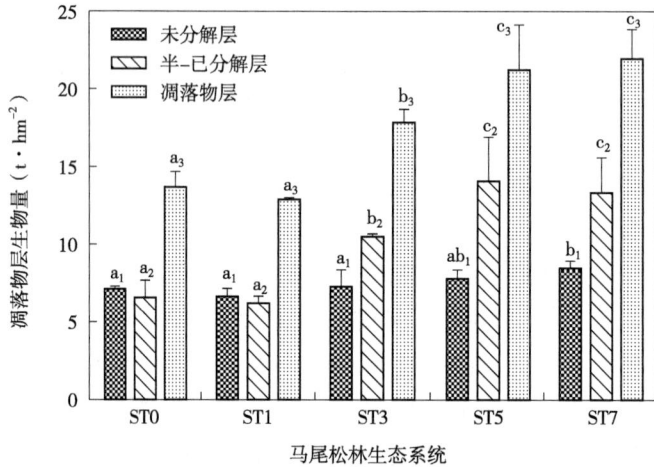

图4-2　感染松材线虫病不同年限马尾松林生态系统内凋落物层生物量

注：1 中不同小写字母代表未分解层生物量在不同林型之间差异显著；

　　2 中不同小写字母代表未分解层生物量在不同半-已分解层之间差异显著；

　　3 中不同小写字母代表未分解层生物量在不同凋落物层之间差异显著。

4.3.1.5　马尾松林生态系统生物量

从表4-6可以看出，松材线虫病侵染健康马尾松林生态系统后，会对生态系统生物总量和系统内不同层次生物量产生影响。随着遭受松材线虫病危害年限的增加，马尾松林生态系统生物总量呈现下降的趋势，其数值表现为 ST0（85.84t・hm^{-2}）＞ST1（77.30t・hm^{-2}）＞ST3（77.83t・hm^{-2}）＞ST5（74.98t・hm^{-2}）＞ST7（74.56t・hm^{-2}）。在不同感病年限的马尾松林生态系统内，不同层次生物量数值的大小均表现为：乔木层＞凋落物层＞林下层。此外，随着遭受松材线虫病危害年限的增加，马尾松林生态系统内乔木层生物量所占的比例逐渐降低，林下层和凋落物层生物量所占的比例显著增加。

表4-6　感染松材线虫病不同年限马尾松林生态系统内各层次生物量

组分	ST0		ST1		ST3		ST5		ST7	
	生物量（t・hm^{-2}）	百分比（%）	生物量（t・hm^{-2}）	百分比（%）	生物量（t・hm^{-2}）	百分比（%）	生物量（t・hm^{-2}）	百分比（%）	生物量（t・hm^{-2}）	百分比（%）
乔木层	69.77±22.08a	81.28%	62.44±15.27a	80.77%	57.56±14.31a	74.76%	50.17±13.84a	66.91%	47.82±7.56a	64.14%
林下层	2.37±0.21a	2.76%	1.97±0.16a	2.55%	2.46±0.42a	3.29%	2.90±0.55a	3.87%	4.16±1.13b	5.58%

（续）

组分	ST0		ST1		ST3		ST5		ST7	
	生物量 （t·hm^{-2}）	百分比 （%）	生物量 （t·hm^{-2}）	百分比 （%）	生物量 （t·hm^{-2}）	百分比 （%）	生物量 （t·hm^{-2}）	百分比 （%）	生物量 （t·hm^{-2}）	百分比 （%）
凋落物层	13.70±0.99a	15.96%	12.89±0.08a	16.68%	17.08±0.91b	21.95%	21.92±3.35c	29.22%	22.59±2.51c	30.28%
总量	85.84±20.99a	100%	77.30±15.12a	100%	77.83±13.61a	100%	74.98±13.24a	100%	74.56±4.86a	100%

注：表中同一行不同小写字母表示不同林型之间差异显著。

4.3.2　松材线虫入侵对马尾松林生态系统碳储量的影响

4.3.2.1　乔木层树种各组分含碳率及碳储量

通过分析马尾松树各器官的含碳率可知（图4-3），其数值大小表现为：树皮（57.46%）>树根（56.52%）>树叶（55.35%）>树干（55.04%）>树枝（52.22%），且树皮、树根的含碳率与树枝的含碳率之间的差异达到显著水平（$P<0.05$）。由表4-7可知，同一生态系统内马尾松各器官碳储量数值的大小表现为：树干>树根>树枝>树皮>树叶。随着马尾松林生态系统遭受松材线虫病危害年限的增加，对应生态系统内马尾松树和各组分的碳储量均呈现下降的趋势，但在各生态系统之间的差异没有达到显著水平。与之相反，其余树种及其地上部分、地下部分的碳储量均随着马尾松林生态系统遭受松材线虫病危害年限的增加而逐渐增大，各生态系统之间的差异亦没有达到显著水平。感染松材线虫病不同年限马尾松林生态系统内，乔木层碳储量的数值大小为：ST0>ST1>ST3>ST5>ST7。此外，从图4-4中明显可以看出，马尾松的碳储量在乔木层中占据绝对的主导地位。

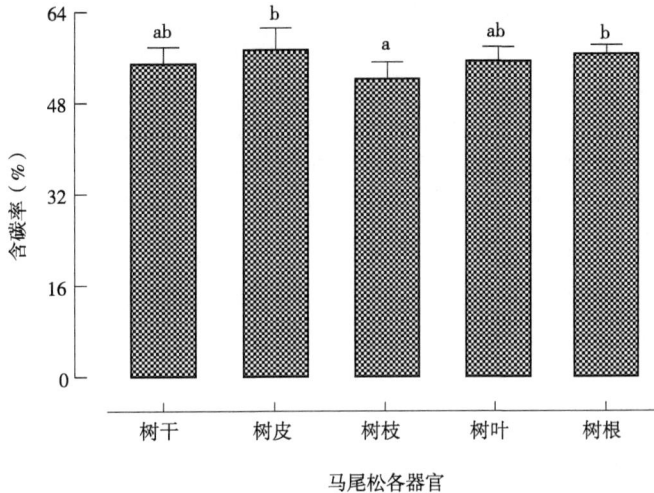

图4-3　研究区域马尾松树各器官的含碳率

注：图中不同小写字母表示不同器官含碳率差异显著。

表4-7　感染松材线虫病不同年限马尾松林生态系统内乔木层树种各器官碳储量

乔木层		ST0(t·hm⁻²)	ST1(t·hm⁻²)	ST3(t·hm⁻²)	ST5(t·hm⁻²)	ST7(t·hm⁻²)
马尾松	树干	17.74±6.41a	15.98±4.77a	14.52±3.46a	12.44±3.46a	11.48±2.49a
	树皮	3.02±1.02a	2.67±0.72a	2.41±0.54a	2.04±0.53a	1.85±0.38a
	树枝	5.19±1.74a	4.58±1.23a	4.13±0.93a	3.50±0.91a	3.17±0.65a
	树叶	1.97±0.66a	1.74±0.46a	1.56±0.35a	1.32±0.34a	1.20±0.24a
	地上部分	27.92±9.83a	24.96±7.18a	22.62±5.27a	19.31±5.25a	17.69±3.76a
	树根	6.92±2.55a	6.27±1.92a	5.71±1.38a	4.91±1.39a	4.55±1.00a
	总量	34.83±12.38a	31.22±9.10a	28.33±6.66a	24.21±6.64a	22.24±4.76a
其余树种	地上部分	2.25±0.97a	2.01±0.56a	2.21±0.88a	2.29±0.75a	2.83±0.72a
	地下部分	0.49±0.22a	0.43±0.12a	0.48±0.2a	0.51±0.17a	0.62±0.16a
	总量	2.73±1.18a	2.44±0.69a	2.68±1.08a	2.79±0.93a	3.45±0.89a
乔木层总量		37.57±12.07a	33.67±8.44a	31.01±7.70a	27.00±7.48a	25.69±4.20a

注：表中同一行不同小写字母表示不同林型之间差异显著。

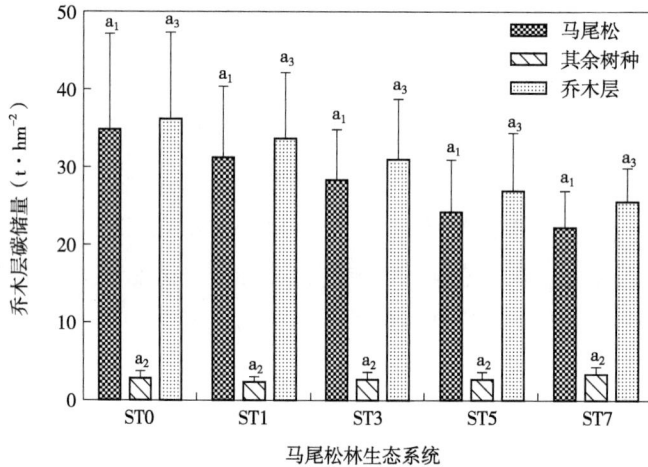

图4-4　感染松材线虫病不同年限马尾松林生态系统内乔木层树种碳储量

注：1 中不同小写字母代表马尾松碳储量在不同林型之间差异显著；

2 中不同小写字母代表马尾松碳储量在不同其余树种之间差异显著；

3 中不同小写字母代表马尾松碳储量在不同乔木层树种总碳之间差异显著。

4.3.2.2　林下层植被各组分含碳率及碳储量

由图4-5可知，研究区域马尾松林生态系统内灌木层植被的含碳率(47.72%)大于草本层植被的含碳率(42.98%)，且二者之间的差异达到显著水平($P<0.05$)。分析感染松材线虫病不同年限马尾松林生态系统内林下层植被碳储量(图4-6)可知：不同生态系统内灌木层的碳储量在林下植被层中占据主导地位，其数值随着马尾松林生态系统遭受松材线虫病危害年限的增加呈现增大趋势，感病7年生态系统内灌木层的碳储量显著大于其他生态系统($P<0.05$)。草本层的碳储量在林下植被层中占据的比例相对较小，不同生态系统内其值的变化不明显。林下层植被的碳储量随着马尾松林生态系统遭受松材线虫病危害年限的增加而呈现增加的趋势，其数值大小表现为ST1(0.91t·hm⁻²)<ST0(1.08t·hm⁻²)<ST3

$(1.14t \cdot hm^{-2}) < ST5(1.34t \cdot hm^{-2}) < ST7(1.93t \cdot hm^{-2})$，感病 7 年生态系统与其他生态系统内林下层植被碳储量之间的差异均达到了显著水平（$P < 0.05$）。

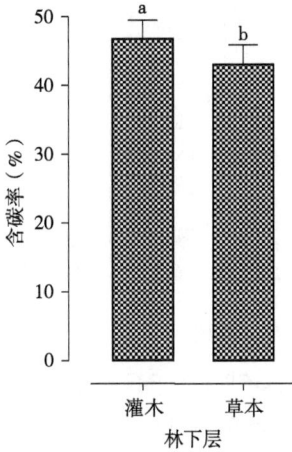

图 4-5　研究区域马尾松林生态
系统内林下层的含碳率

注：不同小写字母代表不同生态系统
含碳率差异显著。

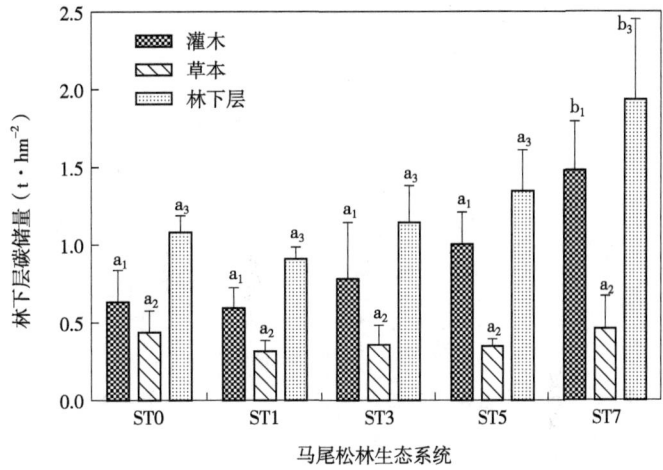

图 4-6　感染松材线虫病不同年限马尾松林
生态系统内林下层植被碳储量

注：1 中不同小写字母代表马尾松在不同林型之间的差异显著；
2 中不同小写字母代表马尾松碳储量在不同其余树种之间差异显著；
3 中不同小写字母代表马尾松碳储量在不同林下层植被总碳之间的差异显著。

4.3.2.3　凋落物层各组分含碳率及碳储量

由图 4-7 可知，调查区域马尾松林生态系统内地表凋落物层中，未分解层的含碳率（51.38%）显著大于草本层植被的含碳率（40.91%）。分析感染松材线虫病不同年限马尾松林生态系统内凋落物层的碳储量（图 4-8）可知，碳储量数值随着马尾松林生态系统遭受松材线虫病危害年限的增加而呈现增加的趋势，大小表现为：$ST1(5.97t \cdot hm^{-2}) < ST0(6.35t \cdot hm^{-2}) < ST3(8.05t \cdot hm^{-2}) < ST5(9.78t \cdot hm^{-2}) < ST7(10.13t \cdot hm^{-2})$，感病 3 年的马尾松林生态系统与健康马尾松林生态系统凋落物层碳储量之间的差异达到显著水平（$P < 0.05$）。此外，随着遭受松材线虫病危害年限的增加，未分解层和半-已分解层的碳储量均表现出增加的趋势。

4.3.2.4　土壤层含碳率及碳储量

由图 4-9 可知，马尾松林生态系统内各土壤层的含碳率表现出明显的梯度变化，其数值随着土壤层深度的增加而呈现降低的趋势，每一层土壤的含碳率数值的大小均表现为：ST1>ST0>ST7>ST3>ST5。此外，随着遭受松材线虫病危害年限的增加，不同生态系统中同一层土壤的含碳率没有表现出明显的规律变化，它们之间的差异均没有达到显著水平。

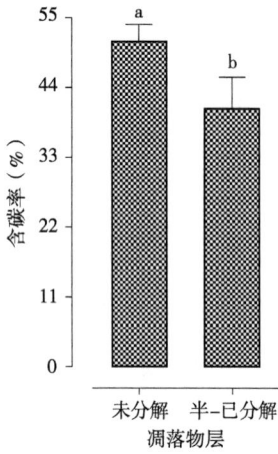

图 4-7 研究区域马尾松林生态
系统内凋落物层的含碳率

注：不同小写字母代表不同生态系统
含碳率差异显著。

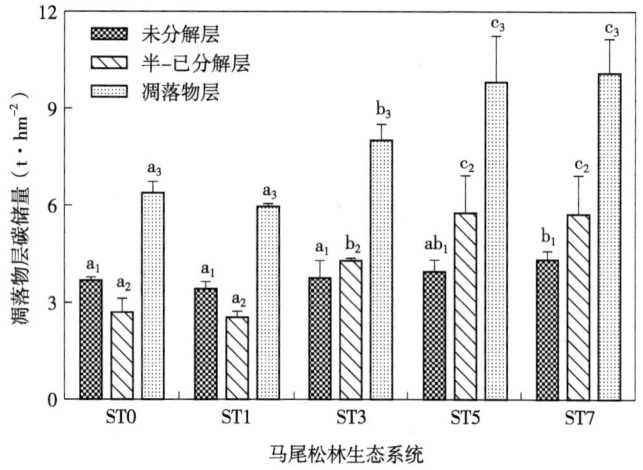

图 4-8 感染松材线虫病不同年限马尾松林
生态系统内凋落物层碳储量

注：1 中不同小写字母代表马尾松在不同林型之间的差异显著；
2 中不同小写字母代表马尾松碳储量在不同其余树种之间差异
显著；
3 中不同小写字母代表马尾松碳储量在不同凋落物层总碳之间
的差异显著。

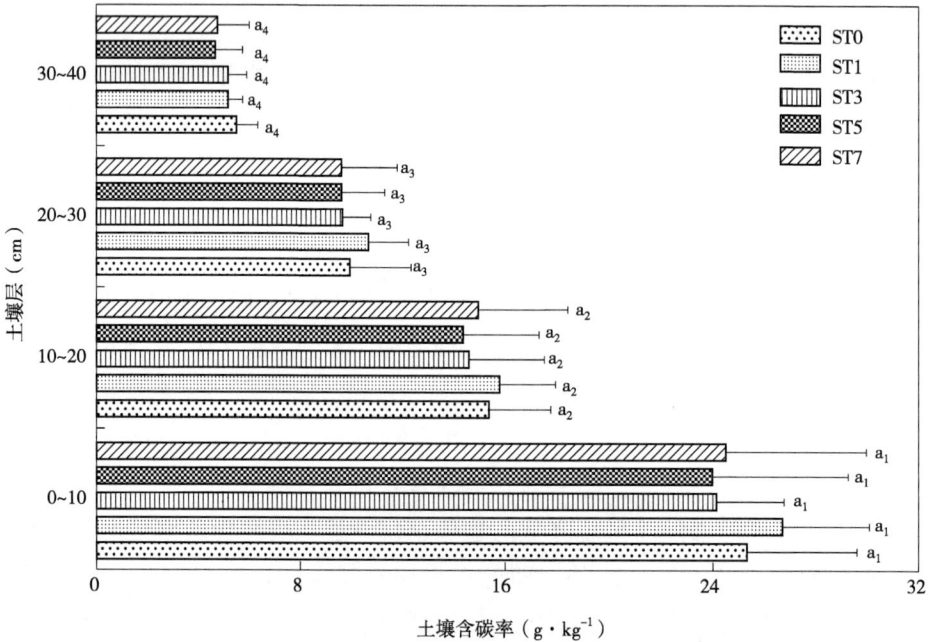

图 4-9 感染松材线虫病不同年限马尾松林生态系统内不同土壤层含碳率

注：同一小写字母代表不同生态系统中同一土层的含碳率之间差异没有达到显著水平。

根据感染松材线虫病不同年限马尾松林生态系统内各层土壤的容重和含碳率，计算出不同生态系统对应层次土壤碳储量（图4-10）。不同生态系统内，土壤层（0-40cm）碳储量数值大小表现为：ST0（86.43t·hm^{-2}）>ST1（80.51t·hm^{-2}）>ST3（77.35t·hm^{-2}）>ST7（74.89t·hm^{-2}）>ST5（69.52t·hm^{-2}）。随着遭受松材线虫病危害年限的增加，不同生态系统中同一层土壤的碳储量没有表现出明显的规律变化，它们之间的差异均没有达到显著水平。此外，不同生态系统土壤层的碳储量表现出明显的梯度变化，超过70%的土壤碳储量集中在土壤表层0~20cm中。以健康马尾松林生态系统为例，其土壤0~40cm的碳储量为86.43t·hm^{-2}，其中0~10cm土壤的碳储量（37.98t·hm^{-2}）占土壤碳储量的43.94%，10~20cm土壤的碳储量（25.43t·hm^{-2}）占土壤碳储量的29.42%，20~30cm土壤的碳储量（15.37t·hm^{-2}）占土壤碳储量的17.78%，30~40cm土壤的碳储量（7.65t·hm^{-2}）占土壤碳储量的8.85%。

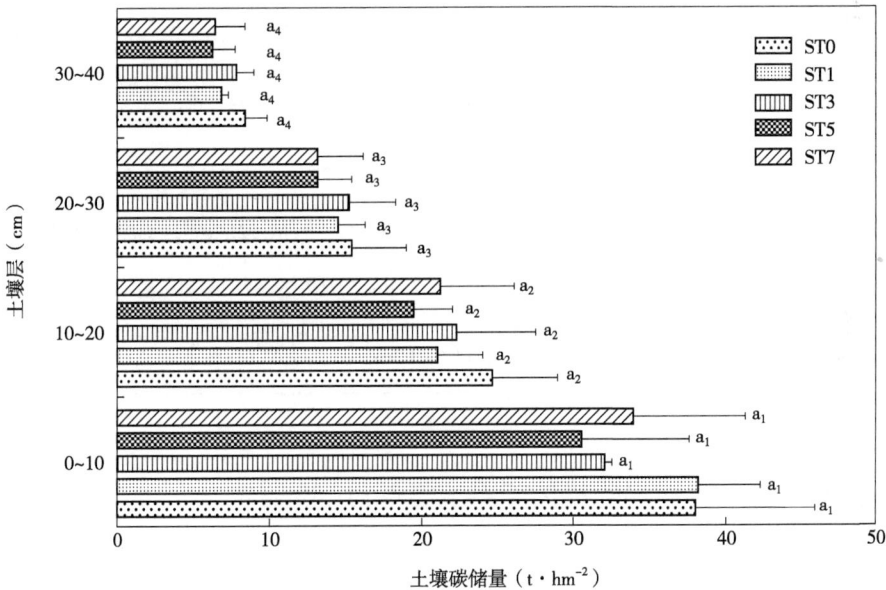

图4-10　感染松材线虫病不同年限马尾松林生态系统内土壤层碳储量

注：同一小写字母代表不同生态系统中同一层土壤的碳储量之间差异没有达到显著水平。

4.3.2.5　马尾松林生态系统碳储量

从表4-8可以看出，松材线虫病侵染后，会对健康的马尾松林生态系统碳储量和系统内不同层次碳储量产生一定的影响。总体而言，随着遭受松材线虫病危害年限的增加，马尾松林生态系统碳储量呈现下降的趋势，其数值表现为ST0（131.43t·hm^{-2}）>ST1（121.05t·hm^{-2}）>ST3（117.55t·hm^{-2}）>ST5（112.63t·hm^{-2}）>ST7（107.64t·hm^{-2}）。生态系统地下部分的碳储量要高于生态系统地上部分的碳储量，其对整个生态系统碳储量的贡献比例约为7：3。乔木层树种地上部分的碳储量和土壤层的碳储量分别是生态系统内部地上、地下碳储量中比例最大的组分，二者均随着马尾松林生态系统遭受松材线虫病危害年限的增加而呈现下降的趋势。此外，随着健康马尾松林生态系统遭受松材线虫病危害年限的增加，林下层植被碳储量和凋落物层碳储量对生态系统碳储量的贡献显著增大（$P<0.05$），但乔木层树种树根碳储量所占的比例逐渐降低。

表4-8　感染松材线虫病不同年限马尾松林生态系统内各组分碳储量

组分	ST0		ST1		ST3		ST5		ST7	
	碳储量 (t·hm^{-2})	百分比 (%)	碳储量 (t·hm^{-2})	百分比 (%)	碳储量 (t·hm^{-2})	百分比 (%)	碳储量 (t·hm^{-2})	百分比 (%)	碳储量 (t·hm^{-2})	百分比 (%)
乔木层树种地上部分	30.17±9.58a	22.96	26.97±6.63a	22.28	24.83±6.12a	21.12	21.60±5.93a	20.07	20.52±3.30a	18.22
林下层植被	1.08±0.11a	0.82	0.91±0.08a	0.75	1.14±0.24a	0.97	1.34±0.26a	1.24	1.93±0.51b	1.71
凋落物层	6.35±0.40a	4.83	5.97±0.07a	4.93	8.05±0.48b	6.85	9.78±1.43c	9.09	10.13±1.01c	8.99
生态系统地上部分	37.60±9.16a	28.61	33.85±6.57a	27.96	34.01±5.75a	28.93	32.73±5.66a	30.41	32.58±2.16a	28.93
乔木层树种树根	7.40±2.49a	5.63	6.70±1.81a	5.53	6.19±1.58a	5.27	5.40±1.55a	5.02	5.17±0.89a	4.59
土壤层	86.43±6.89a	65.76	80.51±9.44a	66.51	77.35±9.08a	65.80	69.52±2.93a	64.59	74.89±6.60a	66.49
生态系统地下部分	93.83±18.85a	71.39	87.21±10.40a	72.04	83.54±7.51a	71.07	74.92±13.23a	69.60	80.06±16.48a	71.08
生态系统总量	131.43±26.80a		121.05±15.35a		117.55±1.76a		107.64±14.70a		112.63±15.69a	

注：同一行不同小写字母表示不同林型之间该组分差异显著。

4.3.3　松材线虫入侵对马尾松生态系统氮储量的影响

4.3.3.1　乔木层树种各组分含氮率及氮储量

由图4-11可知，研究区域内马尾松各器官的含氮率之间存在较大的差异，其数值大小表现为：树叶（1.75%）＞树皮（0.58%）＞树枝（0.46%）＞树根（0.35%）＞树干（0.32%），树叶与其他各器官含氮率之间的差异达到显著水平（$P<0.05$）。由表4-9可知，感染松材线虫病不同年限马尾松林生态系统内乔木层各组分氮储量之间的差异均没有达到显著水平。同一生态系统内马尾松各器官氮储量数值的大小表现为：树干＞树叶＞树枝＞树根

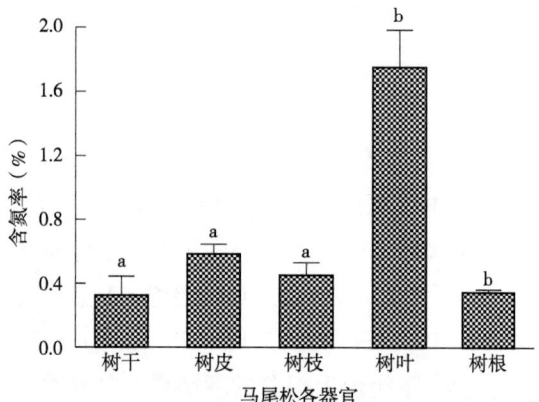

图4-11　研究区域内马尾松各器官的含氮率

注：不同小写字母代表马尾松不同器官中含氮率差异显著。

>树皮。此外，随着马尾松林生态系统遭受松材线虫病危害年限的增加，马尾松总氮储量和各器官氮储量的数值均下降(图4-12)。与之相反，其余树种的总氮储量及其地上部分、地下部分的氮储量均随着马尾松林生态系统遭受松材线虫病危害年限的增加而逐渐增加。马尾松林生态系统内乔木层树种总氮储量随着其遭受松材线虫病危害年限的增加而呈现下降的趋势，其数值的大小表现为：ST0>ST1>ST3>ST5>ST7。此外，乔木层中马尾松的氮储量占据较大比例。

表4-9 感染松材线虫病不同年限马尾松林生态系统内乔木层树种各器官氮储量

组分		ST0(t·hm^{-2})	ST1(t·hm^{-2})	ST3(t·hm^{-2})	ST5(t·hm^{-2})	ST7(t·hm^{-2})
马尾松	树干	0.10±0.04a	0.09±0.03a	0.09±0.02a	0.07±0.02a	0.07±0.01a
	树皮	0.03±0.01a	0.03±0.01a	0.02±0.01a	0.02±0.01a	0.02±0.00a
	树枝	0.05±0.02a	0.04±0.01a	0.04±0.01a	0.03±0.01a	0.03±0.01a
	树叶	0.06±0.02a	0.06±0.01a	0.05±0.01a	0.04±0.01a	0.04±0.01a
	地上部分	0.24±0.08a	0.22±0.06a	0.20±0.04a	0.17±0.04a	0.15±0.03a
	树根	0.04±0.02a	0.04±0.01a	0.04±0.01a	0.03±0.01a	0.03±0.01a
	总量	0.28±0.10a	0.26±0.07a	0.24±0.05a	0.20±0.05a	0.18±0.04a
其余树种	地上部分	0.06±0.02a	0.06±0.02a	0.06±0.02a	0.07±0.02a	0.08±0.02a
	地下部分	0.01±0.01a	0.01±0.00a	0.01±0.01a	0.01±0.00a	0.02±0.00a
	总量	0.07±0.03a	0.07±0.02a	0.07±0.03a	0.08±0.02a	0.10±0.02a
乔木层总量		0.35±0.13a	0.33±0.09a	0.31±0.08a	0.28±0.07a	0.28±0.06a

注：同一行不同小写字母表示不同林型之间差异显著。

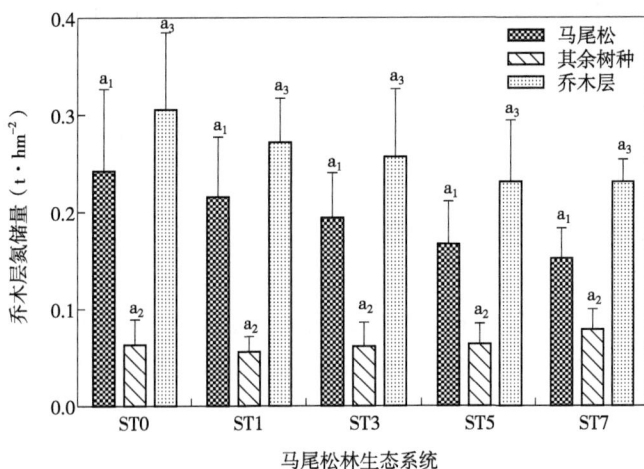

图4-12 感染松材线虫病不同年限马尾松林生态系统内乔木层树种氮储量

注：1 中不同小写字母代表马尾松在不同林型之间的差异显著；

2 中不同小写字母代表马尾松氮储量在不同其余树种之间差异显著；

3 中不同小写字母代表马尾松氮储量在不同乔木层总氮之间的差异显著。

4.3.3.2 林下层植被各组分含氮率及氮储量

由图4-13可知,研究区域马尾松林生态系统内草本层植被的含氮率(1.65%)显著大于灌木层植被的含氮率(0.63%)。分析感染松材线虫病不同年限马尾松林生态系统内林下层植被的氮储量可知(图4-14),其数值随着马尾松林生态系统遭受松材线虫病危害年限的增加而呈现增加的趋势,数值大小表现为:ST1($0.0198t \cdot hm^{-2}$)<ST3($0.0241t \cdot hm^{-2}$)<ST0($0.0257t \cdot hm^{-2}$)<ST5($0.0265t \cdot hm^{-2}$)<ST7($0.0371t \cdot hm^{-2}$),感病7年的生态系统与其他马尾松林生态系统内林下层氮储量之间的差异均达到显著水平($P<0.05$)。此外,随着遭受松材线虫病危害年限的增加,马尾松林生态系统内灌木层和草本层的氮储量均增加,灌木层的氮储量在林下层氮储量中所占的比例也逐渐增大,并在感病7年生态系统中超过了草本层的氮储量。

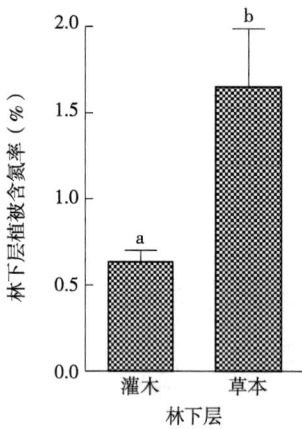

图4-13 研究区域马尾松林生态
系统内林下层的含氮率

注:不同小写字母代表不同林下层
含氮率差异显著。

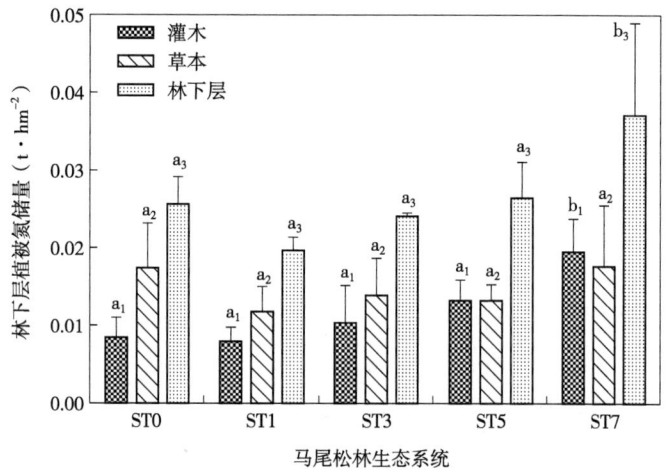

图4-14 感染松材线虫病不同年限
马尾松林生态系统内林下层的氮储量

注:1 中不同小写字母代表马尾松在不同林型之间的差异显著;
2 中不同小写字母代表马尾松氮储量在不同其余树种之间差异显著;
3 中不同小写字母代表马尾松氮储量在不同林下层总氮之间的差异显著。

4.3.3.3 凋落物层各组分含氮率及氮储量

由图4-15可知,调查区域马尾松林生态系统内凋落物层中,半-已分解层的含氮率(1.51%)大于未分解层的含氮率(1.01%),且二者之间的差异达到显著水平($P<0.05$)。分析感染松材线虫病不同年限马尾松林生态系统内凋落物层的氮储量可知(图4-16),不同生态系统内半-已分解层的氮储量在凋落物层总氮储量中占据主导地位,其数值随着马尾松林生态系统遭受松材线虫病危害年限的增加逐渐增加,感病3年的生态系统内半-已分解层的氮储量显著大于其他生态系统($P<0.05$)。此外,未分解层的氮储量在凋落物层总氮储量中占据的比例相对较小,其数值随着马尾松林生态系统遭受松材线虫病危害年限的增加逐渐增大。凋落物层总氮储量的数值大小为ST1($0.162t \cdot hm^{-2}$)<ST0($0.172t \cdot hm^{-2}$)<ST3($0.233t \cdot hm^{-2}$)<ST5($0.294t \cdot hm^{-2}$)<ST7($0.301t \cdot hm^{-2}$),感病3年的生态系统凋落物层的氮储量显著大于健康和感病1年的生态系统($P<0.05$)。

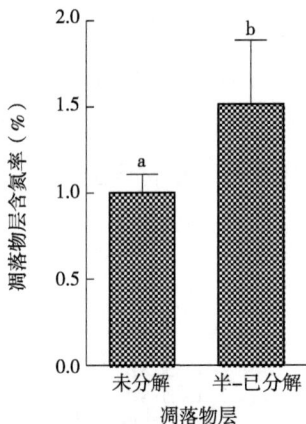

图4-15　研究区域马尾松林生态
系统内凋落物层的含氮率

注：不同小写字母带边不同凋落
物层含氮率差异显著。

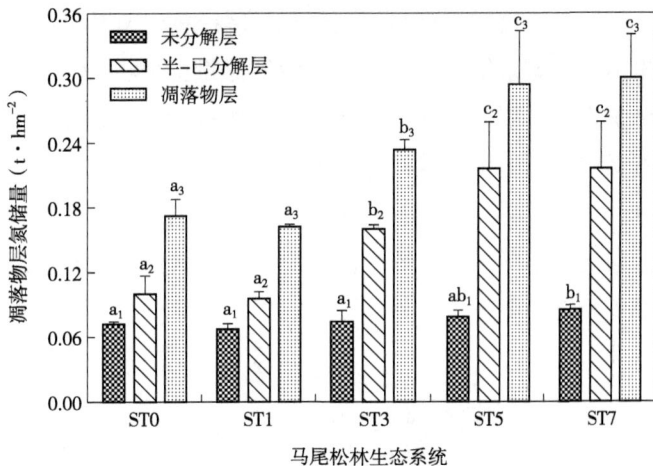

图4-16　感染松材线虫病不同年限马尾松林
生态系统内凋落物层氮储量

注：1 中不同小写字母代表马尾松在不同林型之间的差异显著；
2 中不同小写字母代表马尾松氮储量在不同其余树种之间差异显著；
3 中不同小写字母代表马尾松氮储量在不同凋落物层总氮之间的差异显著。

4.3.3.4　土壤层含氮率及氮储量

由图4-17可知，马尾松林生态系统内土壤各层含氮率的数值呈现出明显的梯度变化，其数值随着土壤层深度的增加而呈现降低的趋势。此外，随着遭受松材线虫病危害年限的增加，不同生态系统中同一土壤层的含氮率没有表现出明显的规律变化，它们之间的差异均没有达到显著水平。

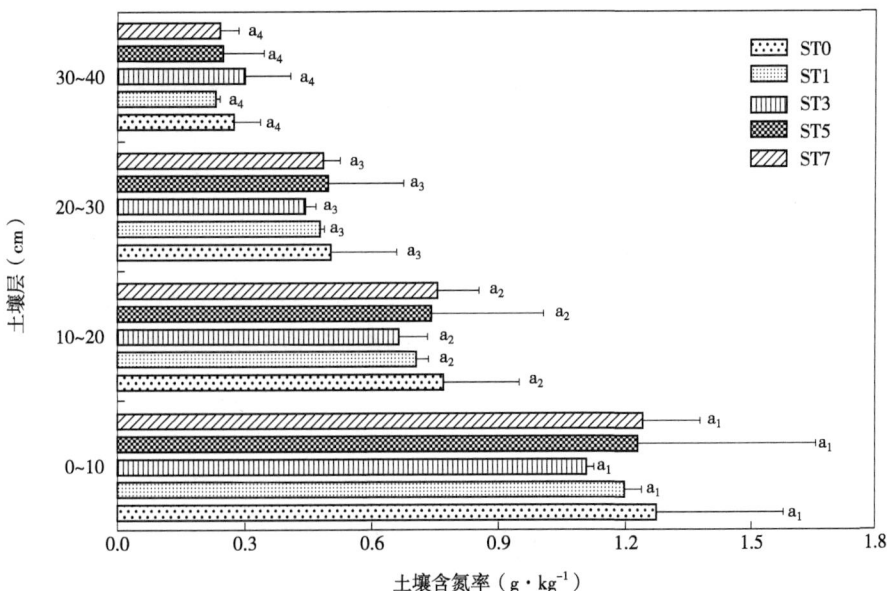

图4-17　感染松材线虫病不同年限马尾松林生态系统内不同土壤层含氮率

注：小写字母表示不同生态系统中同一土层的含氮率差异没有达到显著水平。

根据感染松材线虫病不同年限马尾松林生态系统内各层土壤的容重和含氮率，可以计算出不同生态系统对应层次的土壤氮储量(图4-18)。由图可知，不同生态系统土壤层的氮储量表现出明显的梯度变化，超过70%的土壤氮储量集中在土壤表层0~20cm中。不同生态系统内，土壤总氮储量数值大小表现为：ST0($4.35t \cdot hm^{-2}$)>ST1($3.84t \cdot hm^{-2}$)>ST7($3.8t \cdot hm^{-2}$)>ST5($3.63t \cdot hm^{-2}$)>ST3($3.57t \cdot hm^{-2}$)。此外，随着遭受松材线虫病危害年限的增加，不同生态系统中同一土壤层的氮储量没有表现出明显的规律变化，它们之间的差异均没有达到显著水平。

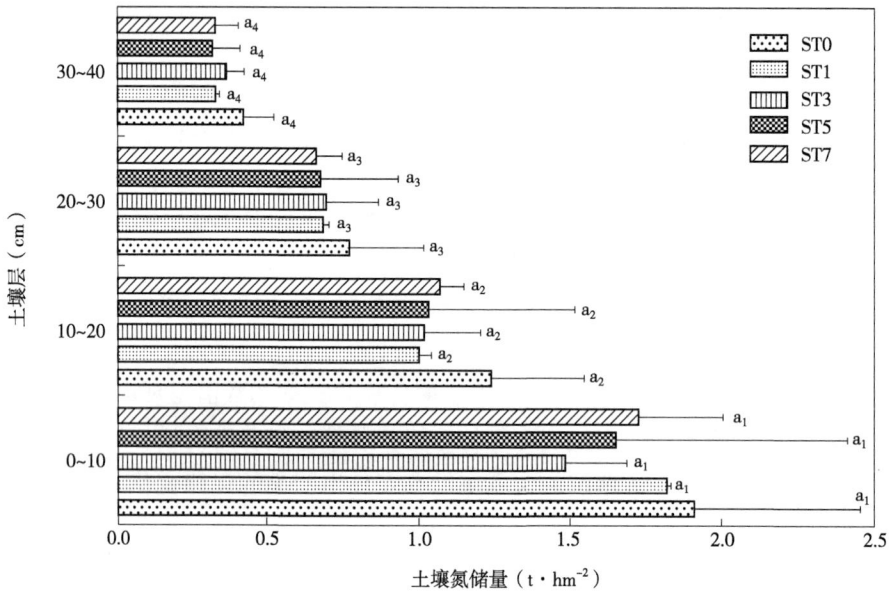

图4-18 感染松材线虫病不同年限马尾松林生态系统内土壤层植被氮储量

注：小写字母表示不同生态系统中同一土层的氮储量差异没有达到显著水平。

4.3.3.5 马尾松林生态系统氮储量

从表4-10可以看出，松材线虫病侵染后，会影响健康马尾松林生态系统的氮储量及各组分的氮储量。在生态系统地上部分氮储量中，乔木层树种地上部分与凋落物层的氮储量所占的比例较大；随着感病年限的增加，乔木层树种地上部分氮储量的贡献率逐渐降低，凋落物层总氮储量的贡献率却显著升高。在生态系统地下部分中，土壤层的氮储量占据绝对的主导地位，乔木层树种树根的氮储量贡献率很小。此外，在不同感病年限的马尾松林中，生态系统地下部分的氮储量要显著高于生态系统地上部分的氮储量，其对生态系统总氮储量的贡献率为87%~90%。整体而言，松材线虫病侵染后，会降低健康马尾松林生态系统的氮储量。

表4-10　感染松材线虫病不同年限马尾松林生态系统内各组分氮储量

组分	ST0		ST1		ST3		ST5		ST7	
	氮储量 (t·hm^{-2})	百分比 (%)	氮储量 (t·hm^{-2})	百分比 (%)	氮储量 (t·hm^{-2})	百分比 (%)	氮储量 (t·hm^{-2})	百分比 (%)	氮储量 (t·hm^{-2})	百分比 (%)
乔木层 树种地上 部分	0.31±0.08a	6.31	0.27±0.05a	6.21	0.26±0.07a	6.28	0.23±0.06a	5.44	0.23±0.02a	5.22
林下层 植被	0.03±0.00a	0.61	0.02±0.00a	0.46	0.02±0.00a	0.48	0.03±0.00a	0.71	0.04±0.01b	0.91
凋落物层	0.17±0.01a	3.46	0.16±0.01a	3.68	0.23±0.01b	5.56	0.30±0.05c	7.09	0.31±0.04c	7.03
生态系统 地上部分	0.50±0.06ab	10.18	0.45±0.05a	10.34	0.51±0.06ab	12.32	0.55±0.07ab	13.00	0.57±0.04b	12.93
乔木层 树种树根	0.06±0.01a	1.22	0.05±0.01a	1.15	0.05±0.01a	1.21	0.04±0.01a	0.95	0.04±0.00a	0.91
土壤层	4.35±0.18a	88.59	3.84±0.06a	88.28	3.58±0.49a	86.47	3.63±0.48a	85.82	3.80±0.51a	86.17
生态系统 地下部分	4.41±0.19a	89.82	3.89±0.64a	89.43	3.63±0.49a	87.68	3.68±1.49a	87.00	3.84±0.51a	87.07
生态系统 总量	4.91±1.22a		4.35±0.97a		4.14±0.46a		4.23±1.56a		4.41±0.54a	

注：同一行不同小写字母表示不同林型之间该组分氮储量差异显著。

4.4　小结与讨论

本章节主要研究分析了感染松材线虫病不同年限马尾松林生态系统及其各组分生物量、碳储量和氮储量的变化。根据本研究结果可知，松材线虫病侵染健康马尾松林生态系统后，会降低其各组分的生物量、碳储量和氮储量。分析其下降原因，主要是由于健康的马尾松树感染松材线虫病后，都会被人工砍伐以清除生态系统内感病的马尾松。因此，随着生态系统遭受松材线虫病危害年限的增加，乔木层树种和生态系统生物量、碳储量和氮储量均出现不同程度的下降。

本研究以马尾松标准木的胸径与各器官的生物量为基础数据，建立了马尾松各个器官生物量的异速生长方程，该方程拟合效果较好，可用来计算林分内马尾松和各组分的生物量。不同生态系统内，马尾松各器官生物量的大小与先前文献研究一致（李燕燕等，2004；赵金龙等，2011），其数值大小均表现为树干>树根>树枝>树皮>树叶，且随着感染松材线虫病年限的增加，各器官生物量呈现下降的趋势。本研究中，马尾松各器官含碳率在52.22%~57.46%，数值变化幅度不大，致使马尾松各器官碳储量变化趋势与各器官生物量变化趋势一致。马尾松各器官的含氮率变化较大，树叶的含氮率显著大于其余各个器官的含氮率，导致本研究中马尾松各器官氮储量数值大小表现为树叶>树皮>树枝>树根>树干，其变化趋势与马尾松各器官生物量、碳储量变化趋势不同。

乔木层树种的生物量是生态系统总生物量中最重要的组成部分（Davis et al., 2003；夏鑫，2008；梅莉等，2009），本研究也验证了此观点，乔木层树种生物量为69.77t·hm^{-2}，占整个生态系统生物量的81.28%；随着遭受松材线虫病危害年限的增加，马尾松林生态系统内乔木层生物量及其所占对应生态系统总生物量的比例逐渐降低。马尾松及其各器官的生物量在乔木层中占据绝对的主导地位，但是其数值随着马尾松林生态系统遭受松材线虫病危害年限的增加而呈现下降的趋势；相反，其余树种及其各组分的生物量却呈现增加的趋势。这主要是由人工砍伐、清除生态系统内感病的马尾松树引起的，其余树种亦可以迅速占据受害马尾松移除后留下的生态位，并充分利用光照、水分等资源（Fujihara，1996；Spiegel and Leege，2013），增加受害马尾松和其余树种的年生长量，同时加快了马尾松林生态系统向阔叶林生态系统演替的速度（徐华潮，2010）。由此可以推断，随着松材线虫病对马尾松林生态系统的持续危害，系统内部其余树种的生物量可能会达到甚至超过马尾松的生物量。此结果也表明，松材线虫病侵染健康马尾松生态系统后，会在短时间内间接改变乔木层各树种之间生物量的分配。此外，本研究中乔木层碳储量、氮储量的变化模式与生物量变化模式类似，均表现为ST0>ST1>ST3>ST5>ST7。其余树种氮储量占乔木层树种总氮储量的比例（21.88%~37.04%）明显高于其生物量占乔木层总生物量的比例（7.94%~14.66%）和碳储量占乔木层总碳储量的比例（7.25%~13.43%），这主要是因为研究区域内其余树种含氮率约为马尾松各器官的2.36~4.28倍（马尾松针叶含氮率除外）。

先前研究表明，当某特定生态系统遭受了外界生物或非生物因素干扰后，会显著影响林下层植被与凋落物层的生物量（Covington，1981；Yanai et al., 2000；Johnson et al., 2003；Taylor et al., 2007；Noh et al., 2010；Li et al., 2011）。本研究中，松材线虫病侵染健康的马尾松林生态系统后，林下层植被和凋落物层的生物量均随着对应生态系统遭受松材线虫病危害年限的增加而增加。在林下层植被中，不同生态系统之间草本层生物量的差异不显著，灌木层生物量在林下层植被生物总量中占据主导地位，分析其原因可能为当感染松材线虫病的马尾松被砍伐后，灌木层植被会占据部分受害木移除后留下的生态位，其种类和数量均会有所增加。此外，清除感染松材线虫病的受害木后，会增加生态系统的通透性，从而影响凋落物层的降解率和营养物质循环（Yanai et al., 2000；Peichl and Arain，2006；Li et al., 2011）。本研究中，感病马尾松林生态系统随着遭受松材线虫病危害年限的增加，半-已分解层生物量逐步占据凋落物层生物总量的主导地位。本研究亦表明，松材线虫病的侵染会影响林下层植被和凋落物碳储量和氮储量的储存与分配。与生物量变化模式类似，林下层植被和凋落物层的碳储量和氮储量均随着对应生态系统遭受松材线虫病危害年限的增加而增加。此外，林下层和凋落物层各组分的碳含量和氮含量不同，导致不同生态系统内各组分的碳储量和氮储量的变化模式不同。

马尾松林生态系统内土壤层碳储量和氮储量的来源主要为动植物遗体、林分凋落物或其他形式有机物质的分解(夏鑫，2008)。本研究结果表明，马尾松林生态系统内不同土壤层的碳储量和氮储量表现出明显的梯度变化，数值随着土壤层深度的增加而呈现出明显降低的趋势。与先前文献报道一致(Jeong et al.，2013)，本研究中松材线虫病侵染马尾松林生态系统后，对土壤层碳储量和氮储量的影响较小。此外，本研究中，马尾松林生态系统内超过70%的土壤碳储量和氮储量集中在土壤表层0~20cm中，但是土壤表层结构性和稳定性较差，在遭受外界环境因素干扰时易破碎(张同娟，2007)。因此，在后续工作中应该持续研究追踪感染松材线虫病马尾松林生态系统内土壤层碳储量和氮储量的变化。

5 松墨天牛扩散对松林生态系统的影响

5.1 引言

松墨天牛, 学名 *Monochamus alternatus* Hope, 属鞘翅目(Coleoptera)天牛科(Cerambycidae)沟胫天牛亚科(Lamiinae)墨天牛属(*Monochamus*)。在我国, 松墨天牛是马尾松(*Pinus massoniana* Lamb.)、黑松(*P. thunbergii* Parl.)、赤松(*P. densiflora* Siebold & Zucc.)、华山松(*P. armandii* Franch.)等松科植物蛀干害虫(萧刚柔, 1992; 张星耀和骆有庆, 2003), 同时也是国际重大森林检疫性有害生物松材线虫(*Bursaphelenchus xylophilus*)在东南亚地区最主要的媒介昆虫(Mamiya, 1983; 徐福元等, 1993; 张星耀等, 2004; 吴坚等, 2009; 叶建仁和吴小芹, 2022), 该虫在松材线虫扩散和侵染过程中起着携带、传播和协助病原体侵入寄主植物的关键性作用。当前, 松材线虫病疫情防控工作已然成为我国林业有害生物防控中的重大科技难题, 而对松材线虫主要媒介昆虫松墨天牛的有效防治是除治松材线虫病关键的环节之一。早在 2003 年, 松墨天牛就已被列入"全国林业危险性有害生物名单"。

松墨天牛在国外主要分布于日本、韩国、朝鲜、老挝、越南等地, 在我国主要分布于热带、亚热带以及温带地区, 包括广西、江苏、江西、浙江、湖南、台湾、四川、河北、云南、广东、福建、西藏、山东、香港、安徽、河南、贵州、湖北、陕西、上海、重庆、北京、海南、甘肃等地, 历史文献认为分布的北界是河北省和山东省, 虽然推测在山西省和辽宁省南部可能有松墨天牛分布, 但从未发现有松墨天牛野外种群(柴希民和蒋平, 2003; 孔维娜, 2005; Ma et al., 2006)。然而, 近年来, 松墨天牛已突破我国原有的分布区域, 呈现向我国北方地区扩散态势, 并在新入侵地区成功定殖, 如 2004 年 8 月, 吉林省(王志明等, 2006)首次发现松墨天牛(通化市东昌区), 并将其认定为吉林省的新纪录种; 2017 年, 在辽宁省(于海英和吴昊, 2018; 李霜雯等, 2019)新确定的松材线虫病疫区内诱集到大量松墨天牛成虫(大连市甘井子区); 2018 年 7 月, 在山西省首次监测到大量松墨天牛野外种群(晋城市沁水县)(高瑞贺等, 2024)。此外, 近期研究(Gao et al., 2023; 刘磊等, 2024)表明, 无论是当前还是未来气候条件下, 松墨天牛在我国及全球范围内的潜在适生分布区将进一步扩大, 继续呈现向高纬度和高海拔地区传播扩散态势。

山西省于 2018 年首次发现松材线虫病重要媒介昆虫——松墨天牛野外种群, 当年晋城市沁水县有 4888 株白皮松(*P. bungeana* Zucc.)遭受松墨天牛危害致死, 且虫口密度大、寄主植物死亡率高。与此同时，随着松墨天牛在山西省成功定殖，松材线虫全面入侵山西省也成为可能，严重威胁山西省及我国北方地区松树资源的生态安全。山西省林业和草原局已把松墨天牛列入"山西省补充林业检疫性有害生物名单"。截止到2023年12月，山西省松墨天牛发生危害区域仍集中在晋城市沁水县，尚未出现向省内其他区域传播扩散态势。

鉴于此，本章节拟明确松墨天牛在山西省的危害特征及发生规律，采用松墨天牛诱捕器动态监测、危害木解剖和数据预测模型等方法，旨在分析山西省松墨天牛成虫的形态特征；明晰山西省松墨天牛成虫发生历期；计算山西省松墨天牛发生世代数；明确松墨天牛在寄主树种白皮松上的危害特征；阐明越冬幼虫响应低温胁迫的适应生理机制。本研究结果可为有效防控松墨天牛在山西省内进一步扩散蔓延并阻断松材线虫对山西省的入侵提供理论科学依据。

5.2 材料与方法

5.2.1 松墨天牛发生地林分结构

2018年，山西省首次发现松墨天牛野外种群，发现地点为山西省晋城市沁水县国营大尖山林场，主要危害白皮松，且松墨天牛虫口密度大、危害木死亡率高。在晋城市沁水县国营大尖山林场松墨天牛危害区域内，建立24块30m×30m的调查样地(表5-1)，记录样地海拔、坡度、郁闭度等基础信息，采用每木检尺法对样地内的乔木树种(DBH≥2.5cm)进行测量，同时调查树木是否遭受松墨天牛危害，并统计危害木上松墨天牛产卵刻槽数、幼虫虫口密度及羽化孔数量。

表5-1 山西省沁水县松墨天牛发生危害区域林分概况

样地	海拔(m)	坡度(°)	郁闭度	白皮松密度 (tree·hm²)	侧柏密度 (tree·hm²)	油松密度 (tree·hm²)	乔木总密度 (tree·hm²)
1	1099	23	0.50	422.22	466.67	44.44	933.33
2	1092	31	0.39	477.78	677.78	0	1155.56
3	1099	22	0.40	377.78	844.44	88.89	1311.11
4	1102	19	0.40	622.22	577.78	0	1200.00
5	1111	13	0.50	366.67	655.56	11.11	1033.34
6	1078	23	0.50	744.44	655.56	0	1400.00
7	1099	12	0.60	133.33	1044.44	622.22	1799.99
8	1102	6	0.45	166.67	1166.67	255.56	1588.90
9	1101	4	0.50	233.33	788.89	0	1022.22
10	1098	9	0.40	477.78	544.44	0	1022.22
11	1084	7	0.40	388.89	800.00	11.11	1200.00

样地	海拔（m）	坡度（°）	郁闭度	白皮松密度（tree·hm²）	侧柏密度（tree·hm²）	油松密度（tree·hm²）	乔木总密度（tree·hm²）
12	1087	7	0.67	355.56	477.78	122.22	955.56
13	1032	19	0.52	277.78	844.44	0	1122.22
14	1025	29	0.50	166.67	677.78	0	844.45
15	1024	18	0.66	133.33	611.11	66.67	811.11
16	1021	10	0.47	222.22	566.67	0	788.89
17	1104	10	0.45	322.22	388.89	33.33	744.44
18	1103	12	0.53	388.89	677.78	22.22	1088.89
19	1115	13	0.51	388.89	711.11	22.22	1122.22
20	1074	11	0.56	322.22	800.00	22.22	1144.44
21	1089	14	0.61	311.11	855.56	111.11	1277.78
22	1094	10	0.68	411.11	655.56	33.33	1100.00
23	1120	12	0.68	366.67	788.89	55.56	1211.12
24	1121	12	0.71	411.11	833.33	44.44	1288.88

5.2.2 松墨天牛成虫监测

2019—2022 年 3 月中旬至 10 月下旬，项目组在松墨天牛发生危害区域累计悬挂 24 个松墨天牛诱捕器和植物源引诱剂（中捷四方生物科技股份有限公司），进行为期 4 年的松墨天牛成虫种群动态监测实验。监测期间，松墨天牛诱芯每隔 30 天更换一次，每隔 7 天记录一次诱捕器内诱集到的松墨天牛成虫数量，并将收集到的虫体带回实验室进行鉴定。此外，通过查阅相关文献，分析山西省沁水县松墨天牛成虫发生历期与辽宁、山东、湖北、江苏、安徽、湖南、四川、贵州、江西、广东等地松墨天牛成虫发生历期差异情况。

5.2.3 松墨天牛虫体形态特征测定

将收集到的松墨天牛成虫带回实验室，选取了 26 头松墨天牛雄虫、65 头雌虫，分别测定雌雄成虫虫体的体长、头宽、体宽、前胸背板宽、鞘翅长、触角长和上颚长。同时，查阅不同地区松墨天牛成虫体长和体宽数据，比较不同地理种群松墨天牛成虫形态差异。

5.2.4 松墨天牛发生世代推算

本研究根据总有效积温定律（公式 5-1）（Geng and Jung，2018）来计算松墨天牛发育速率（$1/D$）和温度（T）之间的线性关系（公式 5-2），将公式 5-2 简化后得到公式 5-3，通过计算系数 a、b 的值来估计松墨天牛各虫态的总发育起点温度（LT）和总有效积温（K）。此外，根据已报道的松墨天牛不同虫态发育历期，可计算出松墨天牛从卵到蛹阶段的总发育历期和总发育速率，构建发育速率与温度之间的线性关系，进而计算出松墨天牛总发育起点温度和总有效积温，再结合沁水县的气象资料推算出松墨天牛在该地区的世代数（公式5-4）。

$$D(T-LT)=K \tag{5-1}$$
$$1/D=-LT/K+T/K \tag{5-2}$$
$$1/D=aT+b \tag{5-3}$$
$$N=\sum N_i(T_i-LT)/K \tag{5-4}$$

式中，D 为昆虫平均发育历期；T 为温度；LT 为总发育起点温度；K 为总有效积温；a、b 为参数；N 为世代数；N_i 为 i 月的天数；T_i 为 i 月的月平均温度。

5.2.5 松墨天牛在寄主植物上的危害特征调查

2022年6~7月和2023年3月，笔者在调查样地随机选取36株因松墨天牛危害致死的白皮松，将其从树干基部锯倒后，从危害木的基部向端部截成长度为40cm的木段，按照顺序进行编号。首先，记录每节木段上松墨天牛的羽化孔的数量和相对高度；其次，利用液压劈木机解剖各木段，并用斧头将木段劈开成2cm的薄片，统计每一段木段上的松墨天牛幼虫和羽化孔数量和高度（图5-1），分析其在危害木中的垂直分布；再次，随机测量松墨天牛幼虫在不同高度木段中入侵木质部的深度，分析其在危害木中的水平分布；最后，将收集到的幼虫装入打孔的5mL离心管中，带回实验室采用形态鉴定和分子鉴定的方法确定其为松墨天牛幼虫。

图5-1 白皮松上的松墨天牛幼虫、羽化孔

（A为白皮松内的松墨天牛幼虫，B为白皮松表面的羽化孔）

5.2.6 松墨天牛幼虫取食面积占比模型建立

随机选取 4 棵白皮松危害木，每一木段随机取边材表面薄木片 4~5 片（图 5-2），使用叶面积扫描仪计算木片总面积与松墨天牛幼虫啃食面积，得到松墨天牛啃食面积在木片上的占比，以此代表松墨天牛幼虫在该木段上的危害率。

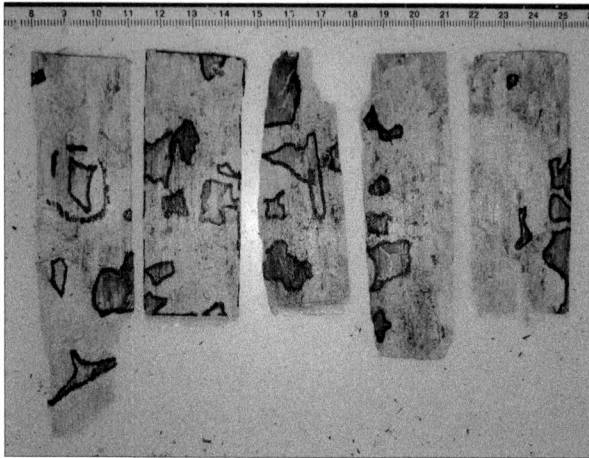

图 5-2 白皮松上的松墨天牛幼虫啃食痕迹

5.3 结果与分析

5.3.1 山西省松墨天牛成虫形态特征分析

分析山西省沁水县松墨天牛成虫形态特征可知（图 5-3），雄虫头宽为 2.85~4.48mm，均值为 4.00（±0.10）mm；前胸背板宽为 4.07~6.93mm，均值为 5.64（±0.15）mm；体宽为 4.81~8.45mm，均值为 6.93（±0.17）mm；鞘翅长为 10.84~18.15mm，均值为 14.98（±0.33）mm；体长为 15.66~27.49mm，均值为 21.67（±0.55）mm；触角长为 30~75mm，均值为 54.46（±2.10）mm；上颚长为 1.58~2.70mm，均值为 2.07（±0.06）mm。雌虫头宽为 3.11~5.09mm，均值为 4.02（±0.06）mm；前胸背板宽为 4.00~7.01mm，均值为 5.66（±0.09）mm；体宽为 4.20~9.14mm，均值为 7.12（±0.12）mm；鞘翅长为 11.93~19.94mm，均值为 16.06（±0.25）mm；体长为 16.72~27.97mm，均值为 22.32（±0.32）mm；触角长为 19~39mm，均值为 31.25（±0.49）mm；上颚长为 1.45~2.73mm，均值为 2.09（±0.04）mm。

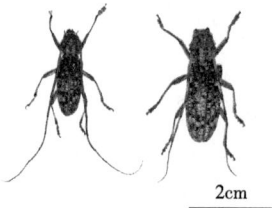

图 5-3 山西省沁水县
松墨天牛雄成虫（左）和雌成虫（右）

松墨天牛雌雄成虫的头宽、前胸背板宽、体宽、体长、鞘翅长及上颚长度均差异不显著，但成虫的鞘翅长、触角长、触角长/体长、胫节长、股节长这 5 个指标在雌雄之间的差异达到显著水平(图 5-4)。此外,松墨天牛雌、雄成虫触角长和体长比值的差异达到极显著水平,二者数值变化范围分别为 1.10~1.55mm 和 1.89~4.11mm,且二者之间没有重叠的数据,因此可使用松墨天牛成虫"触角长/体长"这一形态指标作为松墨天牛性别判定的指标。

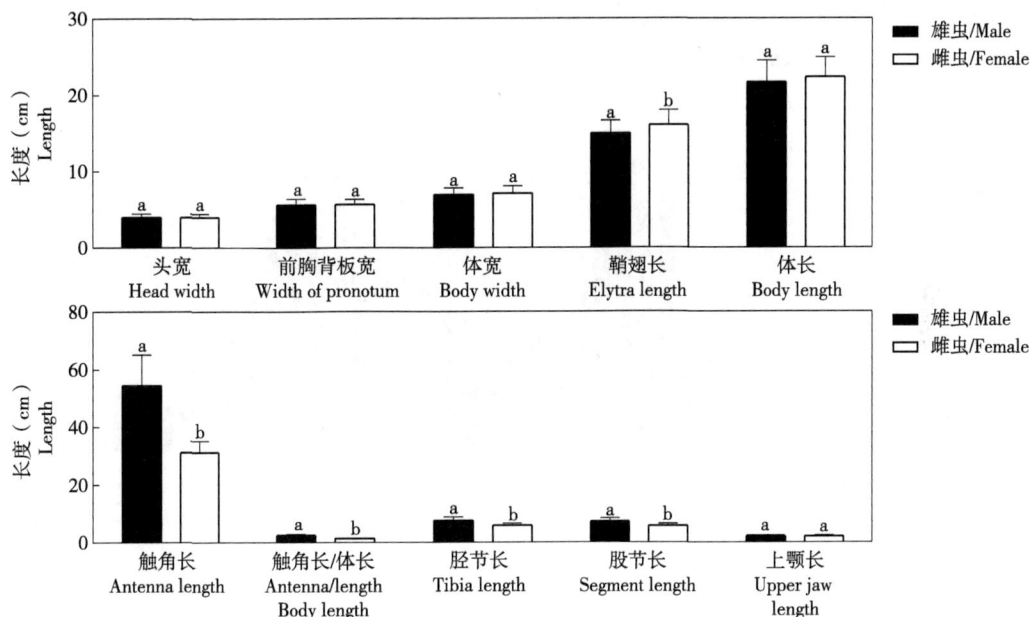

图 5-4 山西省沁水县松墨天牛成虫形态特征比较

注:图中不同小写字母表示各指标在雌雄之间差异显著。

本研究对比了贵州黔南、重庆市和山西沁水的松墨天牛成虫体长、体宽指标(图 5-5),山西沁水松墨天牛成虫体长、体宽平均值分别为 22.13mm 和 7.06mm,贵州黔南松墨天牛成虫体长、体宽平均值分别为 22.35mm 和 7.28mm,重庆市松墨天牛成虫体长、体宽平均值分别为 20.70mm 和 6.56mm。因此,贵州黔南的松墨天牛成虫体型最大,山西沁水松墨天牛成虫体型次之,重庆市松墨天牛体型则相对较小。

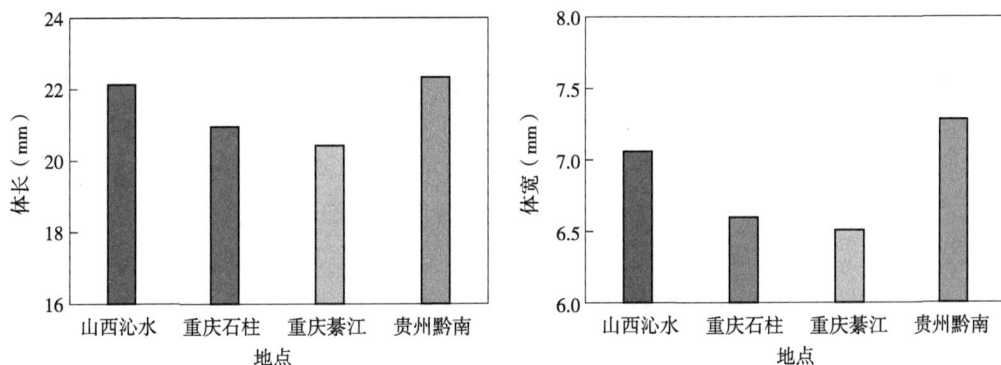

图 5-5 松墨天牛不同地理种群成虫的形态特征差异

5.3.2 山西省松墨天牛幼虫虫龄划分

将测得的松墨天牛幼虫头壳宽度和前胸背板宽制成组距为 0.1mm 的频度分布图（图 5-6），可以看出图中有 5 个峰值，即可将松墨天牛幼虫划分为 5 个龄期。其中，1 龄幼虫的头壳宽度为 1.1~2mm，2 龄幼虫的头壳宽度为 2~2.9mm，3 龄幼虫的头壳宽度为 2.9~3.3mm，4 龄幼虫的头壳宽度为 3.3~4.8mm，5 龄幼虫的头壳宽度为 4.8~5.1mm。

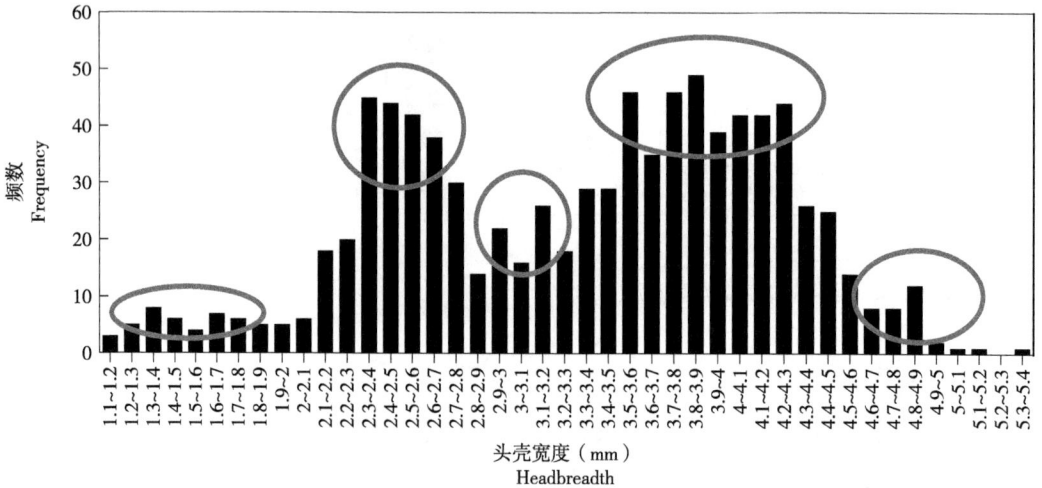

图 5-6　松墨天牛幼虫头壳宽度频度分布图

5.3.3 山西省沁水县松墨天牛成虫发生历期

据 2019—2022 年松墨天牛成虫诱捕数量可知，近 4 年山西省沁水县松墨天牛成虫虫口密度呈现先上升后下降的变化趋势（图 5-7）。其中，2019 年全年共诱集松墨天牛成虫 1309 头，2020 年诱捕松墨天牛成虫数量急剧上升至 6621 头，较 2019 年增加了 4 倍，随后两年松墨天牛成虫诱捕数量开始逐步下降，到 2022 年只诱集到 907 头松墨天牛成虫。进一步分析松墨天牛成虫发生历期可知，山西省沁水县松墨天牛种群成虫的发生期约为 5 月下旬至 10 月上旬，其中始见期为 5 月下旬，始盛期为 6 月中旬，羽化高峰期为 6 月中旬至 7 月中下旬，盛末期为 7 月中下旬，终见期为 10 月上旬（图 5-8）。

分析我国不同地理种群松墨天牛成虫发生历期可知（表 5-2），我国各地松墨天牛种群的发生期和发生高峰期随着纬度的变化而产生较大的差异。整体而言，随着纬度的增加，各地的松墨天牛种群始见期逐渐推迟，发生高峰期也随之推迟，发生期时长却有所缩短。广东云浮地区，全年可见松墨天牛成虫；江西全南、南康和四川西昌始见期较早，在 3 月下旬到 4 月中旬；山西沁水松墨天牛种群的始见期较晚，在 5 月末至 6 月初，其余地区均在 4 月下旬到 5 月中旬。同时，松墨天牛种群羽化高峰期随纬度增加逐渐推迟，广东云浮松墨天牛种群的羽化高峰期最早，在 4 月上旬；四川西昌和山东长岛地区最晚，在 7 月上旬；部分地区出现两个羽化高峰期，如江西南康、全南和广东云浮等地区。

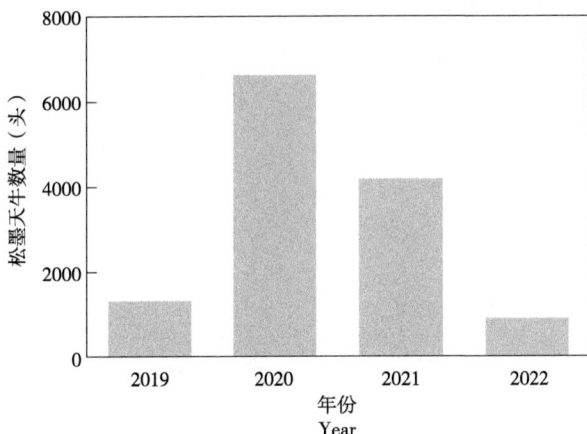

图 5-7　山西省沁水县 2019—2022 年松墨天牛成虫诱捕数量

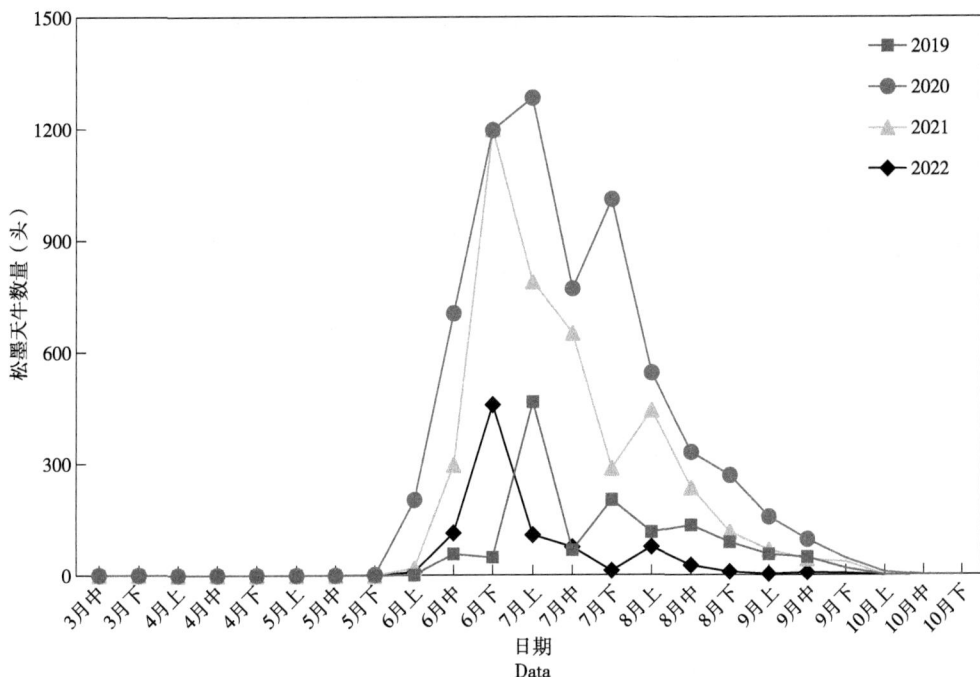

图 5-8　山西省沁水县松墨天牛成虫发生历期分析

表 5-2　中国不同地理种群松墨天牛成虫历期比较

类群	纬度（°）	经度（°）	1月			2月			3月			4月			5月			6月			7月			8月			9月			10月			11月			12月		
			上	中	下	上	中	下	上	中	下	上	中	下	上	中	下	上	中	下	上	中	下	上	中	下	上	中	下	上	中	下	上	中	下	上	中	下
辽宁大连	39.01	121.44																																					
山东长岛	38.05	120.59																																					
山西沁水	35.70	112.18																																					

（续）

类群	纬度(°)	经度(°)	1月 上中下	2月 上中下	3月 上中下	4月 上中下	5月 上中下	6月 上中下	7月 上中下	8月 上中下	9月 上中下	10月 上中下	11月 上中下	12月 上中下
湖北十堰	33.13	110.42												
江苏江宁	31.90	118.87												
安徽马鞍山	31.69	118.51												
江西浮梁	29.36	117.10												
湖南永定	29.14	110.52												
四川宜宾	28.98	104.72												
江西南城	27.40	116.64												
四川西昌	27.83	102.27												
贵州凯里	26.57	107.98												
江西南康	25.64	114.45												
江西全南	24.64	114.53												
广东云浮	22.54	112.02												

注：表中黄色部分为松墨天牛成虫发生期，红色部分为松墨天牛成虫发生高峰期。

5.3.4　山西省松墨天牛种群发生世代推算

本研究得到松墨天牛发育速率(1/D)和温度(T)之间的线性关系，即 $1/D = 0.11 \times 10^{-2}T - 0.14 \times 10^{-1}T$。此外，松墨天牛各虫态的总发育起点温度(LT)为12.73℃，其从卵到成虫完成1代所需要的有效积温(K)为1200℃，计算得到山西省沁水县松墨天牛理论世代约为1年1.05代(表5-3)。

表5-3　山西省沁水县松墨天牛发生世代计算

月份	1月	2月	3月	4月	5月	6月	7月	8月	9月	10月	11月	12月
月均温(℃)	-2	1.1	8.1	12.5	17.8	227	23.4	23	17.9	10.9	5.2	-0.7
月天数(天)	31	28.4	31	30	31	30	31	31	30	31	30	31
理论世代						1.05						
估计世代						1						

5.3.5　松墨天牛危害白皮松径级分析

本研究在24块标准地中共调查了1540株侧柏、764株白皮松和141株油松，其中仅在196株白皮松上发现了松墨天牛危害状，松墨天牛危害率约为25.65%。分析白皮松的径级发现(图5-9)，2.50~27.50cm的径级均有遭受松墨天牛危害的白皮松，其危害比例范围为9.52%~32.10%。其中，遭受松墨天牛危害较为严重的径级为2.50~17.50cm，在径级大于27.50cm的白皮松上没有发现有松墨天牛的危害。

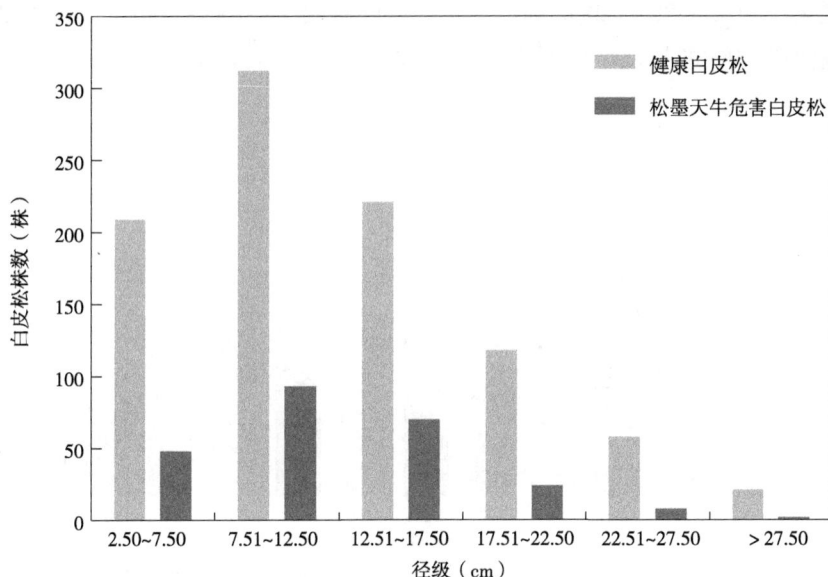

图 5-9 山西省沁水县松墨天牛危害白皮松径级数量分布

5.3.6 松墨天牛幼虫在白皮松上的分布特征

5.3.6.1 松墨天牛幼虫在白皮松上的垂直分布

测量松墨天牛幼虫在危害木上的分布高度，以 40cm 为组距，统计危害木不同高度的幼虫数量后对其进行线性回归，得到在白皮松不同高度分布松墨天牛幼虫平均数量的回归方程为 $Y = e^{(7.01-0.36X)}$，$R^2 = 0.91$，式中 Y 为幼虫数量，X 为分布高度。由图 5-10 可见，松墨天牛幼虫在白皮松上的分布情况为由树基部到顶部，幼虫数量由多到少分布。在距地面 2m 的高度内，幼虫数量占整棵树的 71.38%。

5.3.6.2 松墨天牛幼虫蛀入深度与分布高度的关系

对松墨天牛幼虫蛀入危害木木质部的深度进行调查，并对其在树干上分布高度进行相关性分析，发现二者呈极显著的负相关关系（$P<0.01$），然后进行回归分析，建立松墨天牛幼虫蛀入深度和分布高度之间的模型，其公式为 $Y = 4.71 \times 10^{-3}X + 4.159$，$R^2 = 0.86$，式中 Y 为幼虫蛀入深度，X 为分布高度。由图 5-11

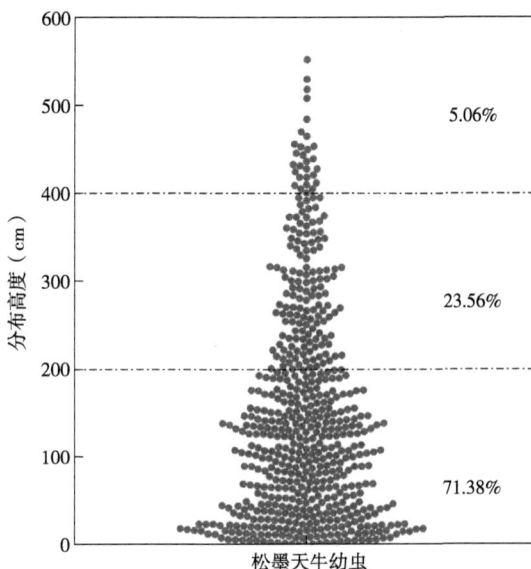

图 5-10 松墨天牛幼虫在白皮松上的垂直分布

77

可知，松墨天牛幼虫在80~120cm高度蛀入的深度最大，在480~500cm的高度蛀入的深度最小，松墨天牛幼虫蛀入深度整体随树干分布高度的增加而减小。

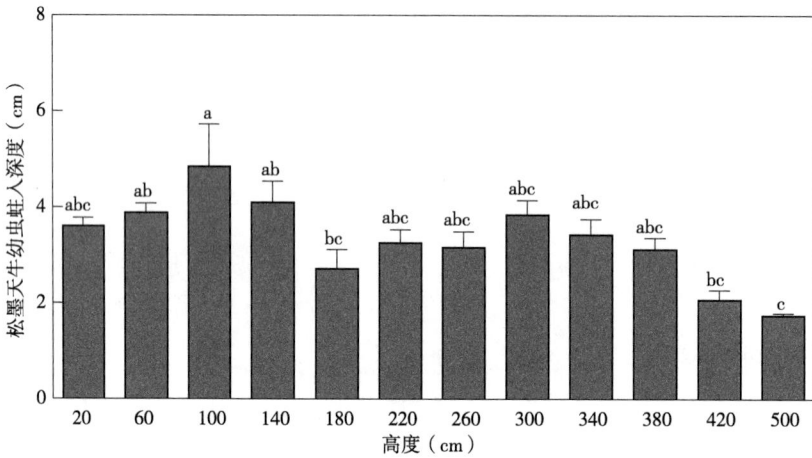

图5-11　松墨天牛幼虫蛀孔深度与在寄主植物树干分布高度的关系

注：图中不同小写字母表示不同分布高度下松墨天牛幼虫蛀入深度差异显著。

5.3.6.3　松墨天牛幼虫数量与白皮松胸径的关系

对白皮松危害木的胸径与其中的松墨天牛幼虫数量进行相关性分析及线性回归，发现松墨天牛幼虫数量与危害木胸径呈正相关关系，但不显著，也不形成线性关系。由图5-12可知，松墨天牛入侵白皮松的胸径为5~15cm，在胸径为11~13cm的白皮松上分布最多，在胸径为7~11cm的白皮松上数量较少。

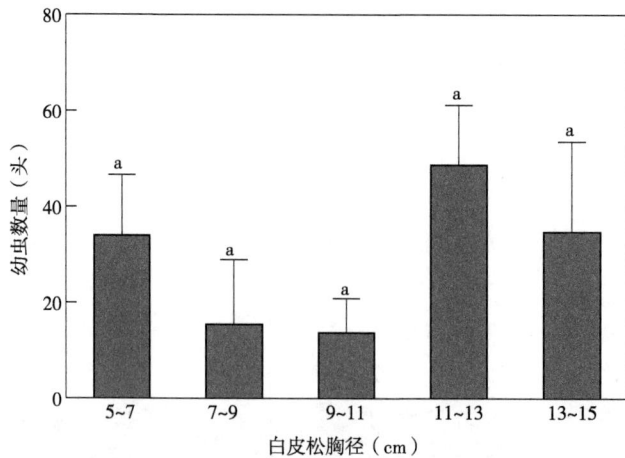

图5-12　松墨天牛幼虫与白皮松胸径的关系

注：图中相同小写字母表示不同白皮松胸径幼虫数量差异未达到显著水平。

5.3.6.4　松墨天牛幼虫数量与白皮松木段直径的关系

对危害木白皮松木段的直径与其中的松墨天牛幼虫数量进行相关性分析，发现二者之间存在极显著的正相关关系($P<0.01$)。由图5-13可知，幼虫数量随白皮松危害木木段直径的增加

而增加，且在直径为 12~16cm 的木段上的幼虫数量显著多于其他直径的木段($P<0.05$)。

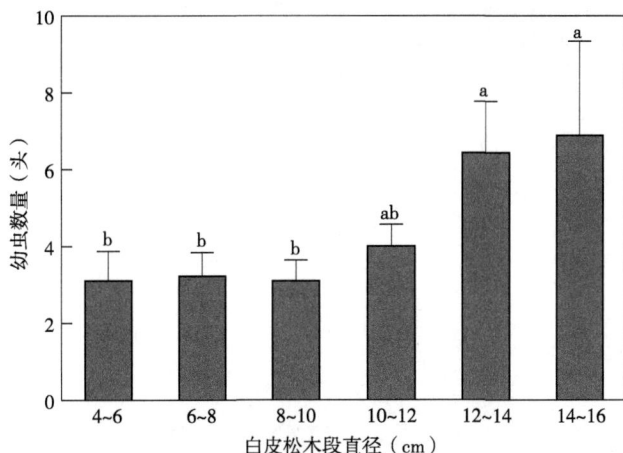

图5-13　松墨天牛幼虫数量与白皮松木段直径的关系

注：图中不同小写字母表示不同白皮松木段直径下幼虫数量差异显著。

5.3.6.5　松墨天牛幼虫数量与白皮松危害木木段含水率的关系

由图 5-14 可知，松墨天牛危害木中的含水率从低到高呈下降趋势。0~40cm 段含水率显著高于其他高度木段($P<0.05$)，由此可推断松墨天牛优先入侵危害木上端，导致上端失水比下端严重，同时松墨天牛幼虫取食韧皮部切断输导组织，导致危害木根部水分无法向上运输，流失的水分无法补充，上端失水加剧。此外，为明确松墨天牛幼虫数量与危害木含水率之间的关系，对木段含水率和松墨天牛幼虫数量之间的关系进行分析。由图 5-15可知，松墨天牛幼虫数量随含水率升高而大致呈上升趋势，相关性分析结果显示，二者之间存在显著的正相关关系($P<0.05$)。

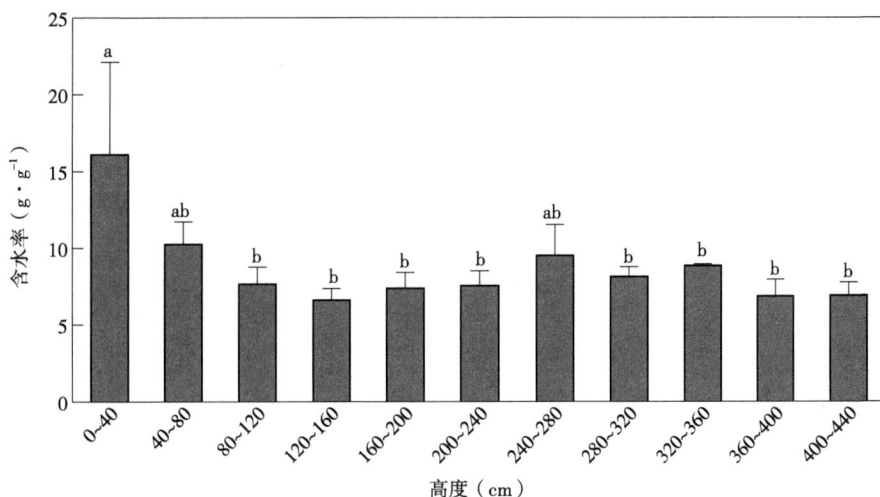

图5-14　白皮松的含水率

注：不同小写字母表示不同高度白皮松含水率差异显著。

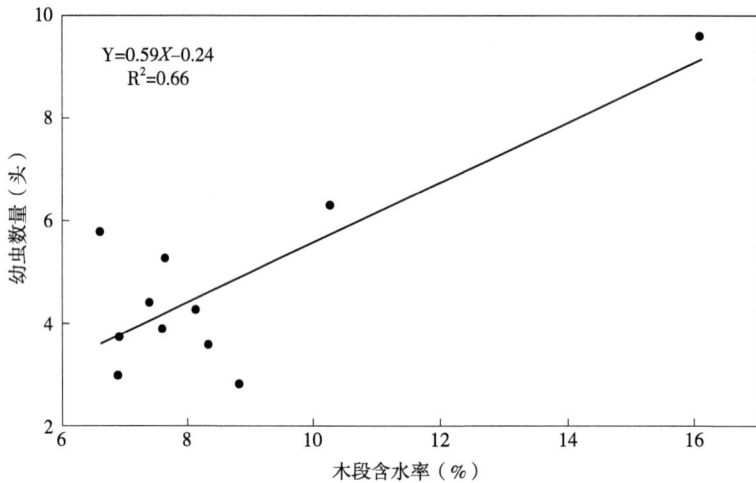

图 5-15　松墨天牛幼虫数量与木段含水率的关系

5.3.6.6　松墨天牛幼虫在白皮松上的空间分布型

（1）聚集度指标法

由表 5-4 可知，山西省松墨天牛种群幼虫在白皮松 320~440cm 的高度树段上 $m^*/m<1$、$C<1$、$K<0$、$C_A<0$、$I<0$，符合均匀分布的范围，在其他高度树段上 $m^*/m>1$、$C>1$、$K>0$、$C_A>0$、$I>0$，符合聚集分布的范围，说明松墨天牛幼虫在白皮松上 0~320cm 和 440~520cm 的高度均呈聚集分布，在 320~440cm 的高度呈均匀分布。

（2）聚集原因分析

根据 Bliackth 提出的聚集原因公式计算得出，松墨天牛幼虫在白皮松除 480~520cm 处外，不同高度树段上的聚集均数（λ）>2，说明其在白皮松上的聚集分布是由昆虫自身行为和环境因素共同影响导致的。

表 5-4　松墨天牛幼虫在白皮松上的空间分布格局

高度 （cm）	S^2	m^*	m^*/m	C	K	C_A	I	（λ）	分布型
0~40	53.26	14.15	1.47	5.54	2.12	4.54	4.54	8.16	聚集
40~80	17.15	8.04	1.27	2.71	3.71	1.71	1.71	5.78	聚集
80~120	14.22	6.98	1.32	2.69	3.13	1.69	1.69	4.73	聚集
120~160	12.18	6.89	1.19	2.11	5.23	1.11	1.11	5.42	聚集
160~200	11.17	5.95	1.35	2.53	2.89	1.53	1.53	4.29	聚集
200~240	11.88	5.95	1.52	3.05	1.91	2.05	2.05	3.24	聚集
240~280	6.49	4.40	1.22	1.80	4.49	0.80	0.80	3.33	聚集
280~320	5.24	4.51	1.05	1.22	19.29	0.22	0.22	4.21	聚集
320~360	0.57	2.03	0.72	0.20	-3.54	-0.80	-0.80	3.04	均匀

（续）

高度 （cm）	S²	m*	m*/m	C	K	C_A	I	（λ）	分布型
360~400	2.00	2.67	0.89	0.67	-9.00	-0.33	-0.33	3.07	均匀
400~440	2.92	3.53	0.94	0.78	-16.88	-0.22	-0.22	3.78	均匀
440~480	2.70	2.68	1.00	1.01	213.55	0.01	0.01	2.66	聚集
480~520	29.47	20.15	13.43	19.65	0.08	18.65	18.65	-3.84	聚集

注：S^2为方差，m^*为平均拥挤度，C为扩散系数，K为负二项系数K值，C_A为Cassie值法，I为丛生指数，（λ）为聚集均数。

5.3.7 松墨天牛羽化孔在白皮松上的分布特征

5.3.7.1 松墨天牛羽化孔数量在白皮松上的垂直分布

测量松墨天牛羽化孔在危害木上的分布高度，以40cm为组距，对危害木不同高度的羽化孔数量进行统计分析。由图5-16可以看出，松墨天牛羽化孔在白皮松上的整体分布情况为由树基部到顶部，羽化孔数量由多到少分布。松墨天牛羽化孔在危害木上的分布较为均匀，距地面1m左右的高度分布较多；在距地面2m的高度内，羽化孔数量占整棵树的55.92%。

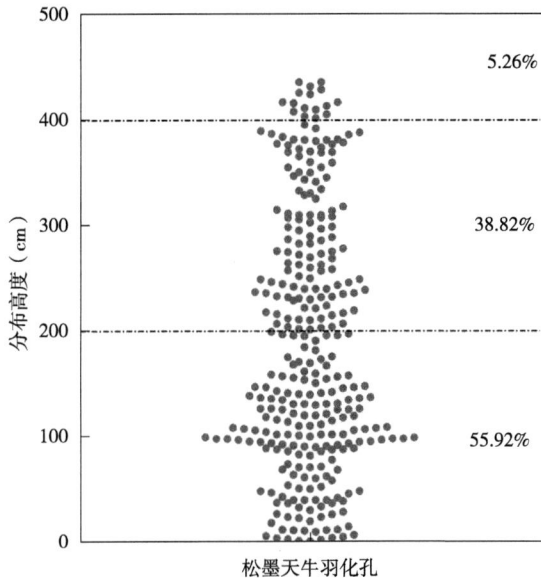

图 5-16　松墨天牛羽化孔在白皮松上的垂直分布

5.3.7.2 松墨天牛羽化孔数量与白皮松胸径的关系

对白皮松危害木的胸径与松墨天牛羽化孔数量进行相关性分析及线性回归，发现松墨天牛羽化孔数量与危害木胸径呈负相关关系，但不显著，也不形成线性关系。由图5-17

可知，松墨天牛羽化孔在胸径为 11~13cm 的白皮松上分布最多，在胸径为 13~15cm 的白皮松上最少。

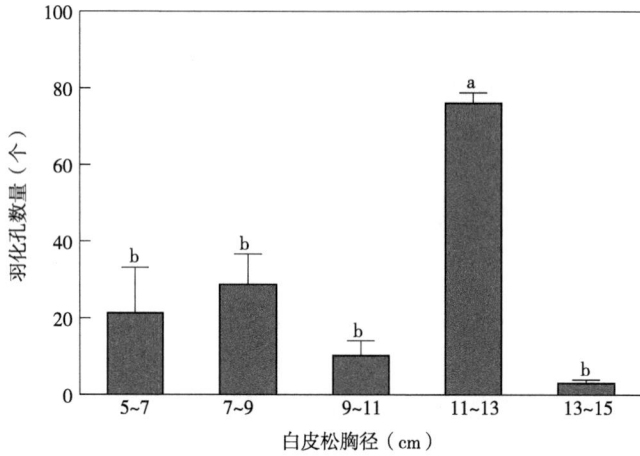

图 5-17　松墨天牛羽化孔数量与白皮松胸径的关系

注：图中不同小写字母表示不同白皮松胸径羽化孔数量差异显著。

5.3.7.3　松墨天牛羽化孔数量与白皮松木段直径的关系

对白皮松危害木木段的直径与其松墨天牛羽化孔数量进行相关性分析，发现二者之间存在正相关关系。由图 5-18 可知，羽化孔数量在直径为 17~19cm 的木段上最多，随白皮松危害木直径的增加而大致呈上升趋势。

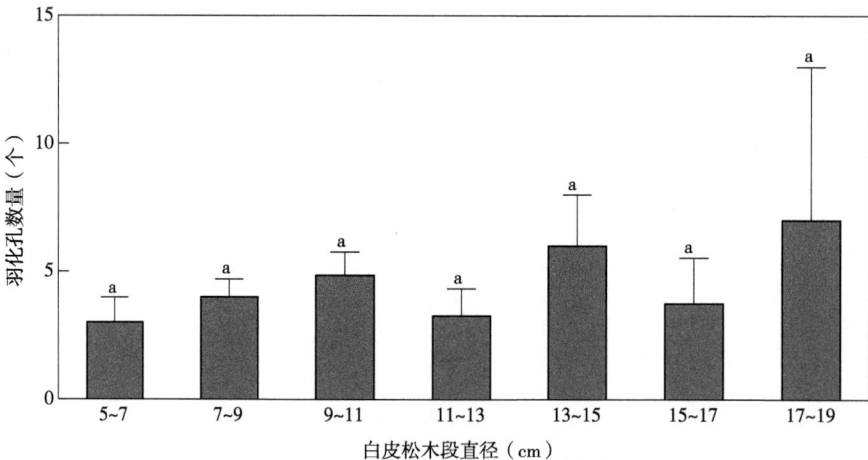

图 5-18　松墨天牛羽化孔数量与白皮松木段直径的关系

注：图中相同小写字母表示不同白皮松木段直径下羽化孔数量差异未达到显著水平。

5.3.7.4　松墨天牛羽化孔数量与白皮松危害木木段含水率的关系

为明确松墨天牛羽化孔数量与危害木木段含水率之间的关系，对松墨天牛羽化孔数量和木段含水率之间的关系进行分析，发现二者之间存在负相关关系。由图 5-19 可知，松墨天牛羽化孔数量随含水率的增加而大致呈下降趋势。

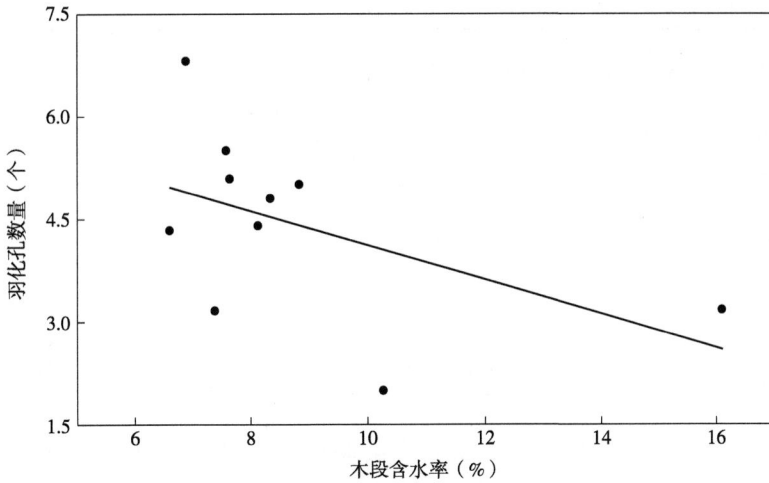

图5-19 松墨天牛羽化孔数量与木段含水率的关系

5.3.7.5 松墨天牛羽化孔在白皮松上的空间分布型

（1）聚集度指标法

由表5-5可知，沁水县松墨天牛种群羽化孔在白皮松200~240cm和320~360cm的高度树段上 $m^*/m<1$、$C<1$、$K<0$、$C_A<0$、$I<0$，符合均匀分布的范围，在其他高度树段上 $m^*/m>1$、$C>1$、$K>0$、$C_A>0$、$I>0$，符合聚集分布的范围，说明松墨天牛羽化孔在白皮松上200~240cm和320~360cm的高度呈均匀分布，在0~200cm、240~320cm和360~400cm的高度均呈聚集分布。K值在40~80cm处最小，因此松墨天牛羽化孔在白皮松40~80cm处聚集度最高。

（2）聚集原因分析

根据Bliackth提出的聚集原因公式计算得出，除了40~80cm范围，松墨天牛羽化孔在白皮松不同高度树段上的聚集均数 $(\lambda)>2$，说明其在白皮松上的聚集分布是由昆虫自身行为和环境因素共同影响导致的。

表5-5 松墨天牛羽化孔在白皮松上的空间分布格局

高度（cm）	S^2	m^*	m^*/m	C	K	C_A	I	(λ)	分布型
0~40	10.03	5.33	1.68	3.15	1.48	2.15	2.15	2.49	聚集
40~80	58.68	30.34	15.17	29.34	0.07	28.34	28.34	-7.09	聚集
80~120	32.93	10.56	2.07	6.47	0.93	5.47	5.47	3.33	聚集
120~160	14.00	6.56	1.51	3.23	1.94	2.23	2.23	3.61	聚集
160~200	3.37	3.23	1.02	1.06	50.06	0.06	0.06	3.14	聚集
200~240	1.10	4.70	0.85	0.20	-6.88	-0.80	-0.80	5.75	均匀
240~280	14.20	6.76	1.41	2.96	2.45	1.96	1.96	4.17	聚集

（续）

高度 （cm）	S²	m*	m*/m	C	K	C_A	I	（λ）	分布型
280~320	10.30	5.74	1.30	2.34	3.28	1.34	1.34	3.97	聚集
320~360	4.00	4.80	0.96	0.80	-25.00	-0.20	-0.20	5.06	均匀
360~400	36.70	11.20	1.65	5.40	1.55	4.40	4.40	5.38	聚集

注：S² 为方差，m* 为平均拥挤度，C 为扩散系数，K 为负二项系数 K 值，C_A 为 Cassie 值法，I 为丛生指数，（λ）为聚集均数。

5.3.8 松墨天牛幼虫取食面积占比的模型

经过观察发现，松墨天牛的 1~2 龄的低龄幼虫取食内皮和边材表面，随着幼虫逐渐发育，其取食面积进一步增大，取食深度也进一步增加，以适应自己不断长大的体型。如图 5-20 所示，当幼虫发育成 3 龄幼虫后开始钻蛀入侵孔，进入木质部进一步危害，此时危害木的输导组织已经被低龄幼虫破坏，整棵树失水严重，树皮开始呈现红色，从远处即可发现。危害木一般当年死亡，至第二年的危害木已基本风干，树皮大部分脱落或十分易于剥离。

图 5-20　松墨天牛危害木的不同阶段

（A 为当年危害的白皮松，B 为危害第二年的白皮松）

本研究选取了 4 棵特征明显的危害木，不同高度上每截木段取木片若干片，将其放置于带刻度的拓板上使用叶面积扫描仪计算木片总面积与取食区域面积。结果表明（图 5-21），松墨天牛幼虫在白皮松上的取食面积平均占比为 62.30%，最高可达到 70.64%。由图可知，松墨天牛幼虫在白皮松上的取食面积占比从树底部到上端呈逐渐下降的趋势，在 80~120cm 处最大，在 400~440cm 处最小，且在不同的高度上没有显著差异。对取食面积占比和高度进行回归分析，建立高度与取食面积占比的模型，其方程为 $Y = -0.004X + 4.34$，$R^2 = 0.54$，式中 Y 为幼虫取食面积占比，X 为高度。

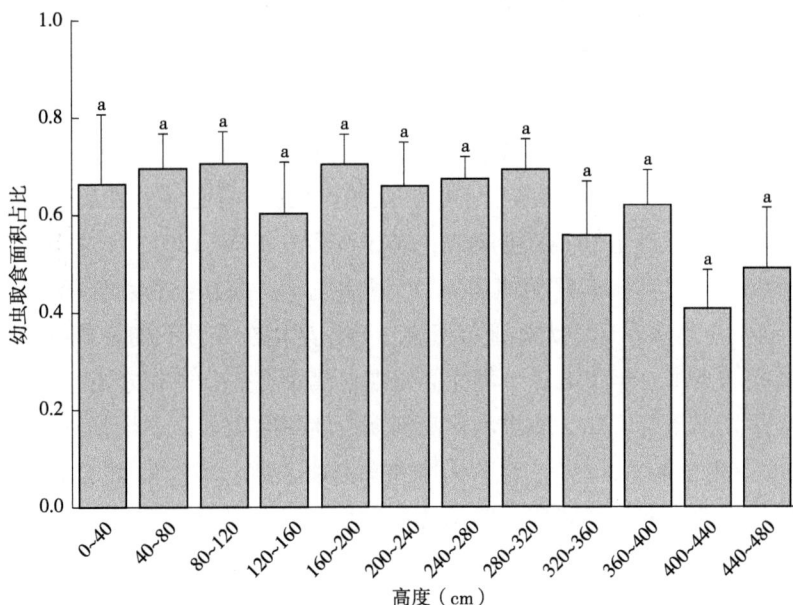

图 5-21　松墨天牛幼虫在危害木表面的取食面积占比

注：图中相同小写字母表示不同高度下幼虫取食面积占比差异未达到显著水平。

5.3.9　松墨天牛虫口密度预测模型

通过分析得出预测单株白皮松上的松墨天牛虫口密度模型公式为 $Y = -0.11X_1 + 2.06X_2 + 49.72$，$R^2 = 0.90$，式中 X_1 为树高，X_2 为 2m 以下树干上的羽化孔总数。因此，在松墨天牛虫口密度的实际调查过程中，基层工作人员可以通过该模型，仅利用危害木 2m 以下树干上松墨天牛羽化孔数量估测危害木上松墨天牛幼虫的虫口密度。

5.4　小结与讨论

2018 年，山西省首次发现的松材线虫病重要媒介昆虫松墨天牛野外种群，使松材线虫全面入侵山西省及我国北方其他地区成为可能。本章节首次系统地对山西省沁水县松墨天牛种群的发生规律及危害特征进行调查。松墨天牛在我国主要分布于热带、亚热带以及温带地区（萧刚柔，1992；柴希民和蒋平，2003；张星耀和骆有庆，2003），其在山西省沁水县主要危害的寄主植物为白皮松，亦可少量危害油松。此外，山西省沁水县松墨天牛成虫的鞘翅长、触角长、触角长/体长、胫节长、股节长这 5 个指标在雌雄之间的差异达到显著水平，且可使用松墨天牛成虫"触角长/体长"这一形态指标作为松墨天牛性别判定的指标，即二者比值为 1.10~1.55 时为雌虫，比值为 1.89~4.11 时则为雄虫。同时，受地理因素影响，同种昆虫的形态特征在不同地区具有一定的变异（刘昭阳，2016；袁缓等，2022），如海拔、温度等环境因子均会显著影响松墨天牛成虫的形态特征（Zhao et al.，2008）。本研究中，山西省沁水县松墨天牛种群成虫体长、体宽分别为 22.13（±2.66）mm 和 7.06（±0.91）mm，均略大于重庆地区松墨天牛成虫（袁缓等，2022），但略小于贵州黔南地区松墨天牛成虫（吴梦林，2018）。

相关研究表明，地理纬度的差异会显著影响松墨天牛成虫种群动态特征（郑光楠等，2023）。例如，松墨天牛成虫在广东云浮地区全年可见（张毅龙等，2020），江西全南和四川西昌地区始见期为 3 月下旬（吴桂康等，2019；潘友粮等，2023），江西南城、南康地区、贵州凯里和四川宜宾地区始见期为 4 月（顾焕先等，2016；甘莉佳等，2022；潘友粮等，2023），而山西沁水和辽宁大连地区最晚，始见期均在 5 月下旬。此外，本研究发现，山西省沁水县松墨天牛一年仅有 1 个羽化高峰期，集中在 6 月中旬左右。通过比较不同地理种群松墨天牛发生历期可知，成虫羽化高峰期也随纬度增加而逐渐推迟，如广东云浮地区为 4 月上旬（李霜雯等，2019），江西南康和全南地区为 5 月上旬（潘友粮等，2023），且上述三个地区均有两个羽化高峰期；四川西昌和山东长岛地区最晚，在 7 月上旬（吴桂康等，2019；周瑶等，2022）。造成此种差异的原因可能是不同地区温度、湿度、海拔等环境因素的差异。作为典型的变温动物，大多数昆虫对外界环境温度的变化是非常敏感的，温度和降水等气象因素则会显著影响松墨天牛的生长发育和分布扩散。

昆虫不同阶段的发育历期均受到环境温度的影响（耿书宝等，2022），相关研究运用总有效积温定律已经对直纹稻弄蝶（王让军，2014）和草地贪夜蛾（刘小宇等，2022）的发生世代进行了推算、预测。同时，根据亚洲玉米螟的发生世代后发现，在当前气候变化的影响下，该虫已经逐渐从 1 年 2 代向 1 年 3 代转变（阿依克孜，2018）。本研究通过计算得到山西省沁水县松墨天牛种群的发生世代为 1 年 1 代，这为山西省科学防治松墨天牛、防止其进一步扩散提供了依据。此外，根据戴氏定律（支华等，2022），相邻龄期幼虫之间的头壳宽度存在一定的几何关系，因此可以通过测定松墨天牛幼虫头壳宽度将山西省松墨天牛幼虫划分为不同龄期。本研究中，根据幼虫头宽频度分布图将松墨天牛幼虫划分为 5 个龄期，1 龄幼虫的头壳宽度为 1.1~2mm，2 龄幼虫为 2~2.9mm，3 龄幼虫为 2.9~3.3mm，4 龄幼虫为 3.3~4.8mm，5 龄幼虫为 4.8~5.1mm。

明确重大蛀干害虫在寄主植物上的分布规律及危害特征，可为害虫防治提供重要理论依据。相关研究已表明，对于松墨天牛这类危害隐蔽的蛀干害虫，它们的侵入孔和羽化孔均集中在寄主植物树干的中下部分。本研究结果和上述观点基本一致，松墨天牛在山西省沁水县主要危害径级为 2.50~17.50cm 的白皮松，其中幼虫主要分布于树干 0~1m 处，羽化孔则主要集中于树干 1~2m 处。在松墨天牛幼虫和羽化孔与危害木胸径之间关系的研究中，松墨天牛幼虫数量与胸径均呈正相关关系，但相关性强弱有所不同：松墨天牛数量与胸径的相关关系不显著（孟俊国等，2012；高尚坤等，2015）；在一定范围内，松墨天牛幼虫数量与云南松的胸径呈极显著的正相关关系(杨子祥等,2010)。本研究结果表明,松墨天牛幼虫数量与木段直径和白皮松含水率呈极显著的正相关关系;松墨天牛幼虫数量与木段直径之间的相关性不显著;羽化孔数量与白皮松胸径和木段直径之间的相关性不显著;羽化孔数量与含水率之间存在不显著的正相关关系。上述现象可能是不同地区之间的气候类型、地形、植被类型等诸多因素的差异导致的,因此不同地区之间松墨天牛幼虫和羽化孔在危害木上的分布规律可能不尽相同。松墨天牛幼虫、羽化孔与危害木胸径、树高、不同高度木段的直径以及含水率之间均存在不同程度的相关关系,无法形成结果较好的拟合模型。

为了在实践中更加方便快捷地调查松墨天牛幼虫在白皮松上的虫口密度,本研究建立了单棵白皮松上松墨天牛幼虫虫口密度预测模型,所建立模型的方程为 $Y = -0.11X_1 + 2.06X_2 + 49.72$,$R^2 = 0.90$,式中 X_1 为树高,X_2 为 2m 以下树干上的羽化孔数量,在基层工作人员实际调查过程中,只要测量危害木树高和 2m 以下树干上的羽化孔数量即可计算出单棵白皮松危害木上的虫口密度。

最后,针对山西省松墨天牛幼虫发生规律,本研究提出以下三点防治建议。第一,对已侵染松墨天牛幼虫的衰弱木、濒死木可以主要对 2m 以下的树干进行有针对性的防治,一方面可以降低危害木的死亡率,另一方面可以节约人力物力,提高防治效率。对已经枯死的危害木则应在危害当年,即还未形成羽化孔时及时伐除。危害木树枝上也有大量幼虫分布(孟俊国等,2012),因此伐除的同时应注意将树枝清理干净,最大限度地减小虫口密度。第二,不可对杀虫剂过度依赖。杀虫剂的广泛使用会导致害虫产生抗药性,且杀虫剂在松墨天牛成虫种群数量较多时使用效果较好,因此使用杀虫剂要持谨慎的态度,不可长时间使用单一种类的杀虫剂,也不建议在成虫羽化高峰期以外的时间段使用杀虫剂。第三,使用诱木+引诱剂+生物防治联合防治松墨天牛。诱木对松墨天牛成虫产生吸引力的范围有限,因此结合诱芯可有效地增强诱木吸引松墨天牛成虫产卵的能力,配合蘸有高浓度球孢白僵菌的无纺布条,可使松墨天牛之间相互感染,提高球孢白僵菌对成虫、幼虫感染的效率,以达到有效防治松墨天牛的目的。

6 影响松材线虫病及媒介昆虫发生的气候因素

6.1 引言

昆虫是一类典型的变温动物，其维持和改变自身温度的能力很弱，在整个生长周期内对外界气候因素的变化也非常敏感。当面对气候因素胁迫时，昆虫体内的能源物质、含水量、保护酶、解毒酶及免疫功能均会发生变化（Board and Menon，2003；Cui et al.，2011；Catalán et al.，2012），继而会显著影响昆虫的净生殖率、内禀增长率、体重、个体大小、飞行能力等生命学参数（Shi et al.，2013；Colinet et al.，2015；凡美玲等，2017）。因此，气候因素是决定昆虫生长发育速率最重要的因子之一（陈瑜和马春森，2010；Roques et al.，2015）。近些年来，昆虫应对全球气候变化的响应特征、机制和规律的研究逐渐成为全球变化生物学研究的重要分支（孙玉诚等，2017）。

气候因素影响着松材线虫病的发生与侵染循环（杨宝君等，2003；习妍和牛树奎，2008），高温干旱的气候条件有利于松材线虫病害在某一地区的发生与危害，可显著提高松林生态系统内感病松树的枯死率（石娟，2005）。在诸多气候因素中，降水量、光照和相对湿度可直接影响寄主松树的生存与生长，温度、湿度同时制约着媒介昆虫松墨天牛的传播行为和松材线虫的发育与繁殖（聂绍芳和彭珍宝，2000；Zhao et al.，2007）。

温度是影响松材线虫病在某一地区发生与流行的主导因素，它主要影响松材线虫体内酶的活性和内分泌激素代谢等生理生化活动，从而决定松材线虫的生长、发育和繁殖。Mamiya（1983）进一步证明：当某一地区年均温度低于10℃时，松材线虫由于得不到足够的年积温，不能够完成个体发育；当温度高于28℃时，其自身的生长、增殖亦会受到抑制；温度高于33℃时，松材线虫不能完成完整的繁殖过程。习妍等人（2008）在分析浙江省定海区松材线虫病疫情时亦指出，当地年平均气温是影响研究区域松材线虫病发病密度最主要的因素。松墨天牛的生长发育也与温度有着密切的关系，在浙江省，松墨天牛卵的发育起点温度为11.2~13.0℃，19~28℃是最适合幼虫孵化的温度，其孵化所需要的有效积温为65~89℃（柴希民和蒋平，2003）；当大气温度高的时候，可加快松墨天牛的发育速度，导致其活动变得异常活跃，气温低时松墨天牛则会处于潜伏状态（王柏泉和徐明飞，2002；孔维娜等，2006）。目前，我国发生松材线虫病区域的年均气温均大于14℃，当某一地区夏季平均气温高于 25℃的天数持续超过 55 天时，当地松材线虫病危害情况往往会比较严重(石娟，2005)。此外，近些年来，全球气候变暖加剧，直接导致松材线虫病在我国的危害区域不断扩大，到 2100 年我国适宜松材线虫生存的区域面积将会扩大到目前发病区域的 2 倍左右，其向我国北部和西部地区扩散蔓延的速度也会加快(程功等，2015)。

降雨量直接决定着某一地区空气和土壤的湿度，从而直接影响松材线虫寄主松树体内的含水量和媒介昆虫自身的生长发育过程(黄政龙，2004)。雨水天气，会影响松墨天牛成虫的扩散，并对天牛的活动有明显的抑制作用(张建军，2007)。习妍等人(2008)在分析浙江省定海区松材线虫病疫情时发现，1998 年 1 月份降水量增多是当年松材线虫病大面积暴发的主要原因之一，这是因为马尾松为喜阳耐干旱的树种，春季和冬季降水量的增加会导致其树势衰弱，提高了松材线虫成功入侵寄主植物的可能性。6 月份是松墨天牛羽化盛行时期，当此段时间降雨量增多时，可提高松墨天牛自然死亡率(习妍等，2008)。此外，在下雨天气的时候，松墨天牛在野外的诱捕量几乎为 0，主要是因为松墨天牛在降雨天气时常常处于潜伏状态，导致其活动量急剧下降(石娟，2005)。

某一特定区域内全年大气相对湿度是影响当地森林病虫害发生、发展的重要气候因素(Leong and Ho，1990；毕猛，2014)。在适宜的光照、温度等气候条件下，大气中的相对湿度是影响森林植物病害发生的关键气候因子(孙益知，2004)。此外，大气的相对湿度是反映空气干燥程度的重要指标。当区域内某一时期降水量减少、大气相对湿度降低时，会增加空气的干燥度，而干燥的气候条件有利于松材线虫种群数量和密度的增加，直接导致松材线虫病危害加重；一定时期内大范围的降雨，会增加空气的湿度，易引起白僵菌等寄生菌的自然流行，对松材线虫病有明显的抑制作用。空气中的相对湿度增加时，可减少松墨天牛水分的蒸发，延长其寿命，导致羽化率增加(孔维娜等，2006)。

松墨天牛属于擅飞但不愿飞的昆虫(来燕学，1998)，在食物充足和产卵场所适宜的生态系统内，松墨天牛成虫自然扩散范围在 60 米之内(张建军，2007)。平均风速是决定松材线虫的媒介昆虫松墨天牛进行远距离传播扩散的主导因素(柴希民和蒋平，2003)，区域内的平均风速增大，可扩大松材线虫媒介昆虫松墨天牛在自然条件下的传播扩散范围，因此，松材线虫病的危害面积也就越广泛(习妍和牛树奎，2008)。此外，松墨天牛的羽化时期一般集中在每年 5—8 月，在我国大部分地区每年发生一代，而这段时间正好是我国夏季季风盛行的时期，因此，松墨天牛极有可能在此段时间内借助风力进行远距离传播扩散，从而扩大松材线虫的危害区域(张建军，2007)。

目前，关于气候因素(温度、湿度、光照、风速)对松材线虫病的扩散蔓延及危害程度的影响的研究鲜有报道，而且很多都停留在定性的描述上，尚缺乏定量的分析。本研究以湖北省宜昌市夷陵区内遭受松材线虫病危害的马尾松林生态系统为研究对象，根据其松材线虫病疫情情况，采用冗余分析法来定量分析不同年份松材线虫病疫情指数与气候因子的关系，力图阐明松材线虫病各疫情指数之间的关系以及不同气候因素对松材线虫病发病程度的影响规律。预期研究结果有助于预测松材线虫及松墨天牛种群动态变化，为松材线虫病的预警和防控管理提供科学理论依据，同时亦有助于为研究昆虫应对全球气候变化的响应规律提供基础资料。

6.2 材料与方法

6.2.1 松材线虫病疫情数据

2006 年，夷陵区首次报道松材线虫病，当年全区内有 29110 株马尾松因感染松材线虫病而致死，危害面积高达 3847hm²（表 6-1），涉及全区 11 个乡镇（街道）的 99 个村的 176 个林班和 945 个小班。2007 年，夷陵区内松材线虫病的危害进一步加剧，全区内有 30031 株马尾松死亡，危害面积高达 10899hm²。2008—2010 年，夷陵区内松材线虫病危害面积略有下降。2011—2013 年，夷陵区内松材线虫病的危害程度达到了一个新的大暴发时期。本研究选取了夷陵区 2006—2013 年松材线虫病疫情情况，松材线虫病疫情指数数据主要包括发病林班个数、发病小班数、马尾松病死总株数和松材线虫病危害面积。松材线虫病疫情数据来源于湖北省宜昌市夷陵区森防站。

表 6-1　夷陵区松材线虫病疫情年度普查统计

调查年度	发病林班个数	发病小班数	马尾松病死总株数	危害面积（hm²）
2006	176	945	29110	3847
2007	135	596	30031	10899
2008	113	505	16823	4627
2009	164	844	11546	4120
2010	113	385	11294	4033
2011	150	412	40364	5120
2012	125	642	142930	7447
2013	108	508	121604	6727.57

6.2.2 气候因子数据

本研究选取的气候数据包括两部分：①夷陵区 1990—2015 年的年均气温、年均降水量、月均降水量、年均相对湿度和月均相对湿度；②2006—2013 年（研究区域松材线虫发病年份）的月日照时数、月平均气温、月平均最高气温、月平均风速、平均月降水量和月平均相对湿度。对于少数由于客观原因造成的错误或遗漏的气候数据，采取剔除或者多年平均法予以修正（高琪清，2009）。气候因子数据来源于宜昌气候站点（57461 站），站点详情见表 6-2。

表 6-2　湖北省宜昌气候站点基本信息

站点编号	站名	英文名称	纬度（°）	经度（°）	海拔高度（m）	开始时间
57461	宜昌	YICHANG	30.44	111.28	133.10	1981.01

6.2.3　气候数据的平均值

统计分析各气候因子在一定时间段内的平均值，可以说明该气候因子在这段时间内所表现的平均状况。本研究中，采用算术平均值和5年滑动平均值对各个气候因子进行统计分析，详情如下：

（1）算术平均值

将某个气候因子每月的数值（$x_1, x_2, x_3, \cdots, x_n$）相加，再除以相加次数 n，就得到该气候因子在 n 个月内的算术平均值，计算公式如下：

$$x_n = \frac{1}{n}\sum_{i=1}^{n} x_i \tag{6-1}$$

式中，x_n 为某个气候因子在 n 个月时间段内的算术平均值；x_i 为某个气候因子在第 i 月的数值；$i = 1, 2, 3, \cdots, n$。

（2）5年滑动平均值

一般而言，气候数据的时测数据变化较为复杂，难以用某一种特定的多项式表达其在特定时间段内规律性的变化。因此，气候学上常采用滑动平均法来求取某气候数据在特定时间段的变化趋势，即采用点函数值平滑与滤波的数据处理方法，以消除动态测试数据中的随机变化与起伏（裴益轩和郭民，2001）。利用这种方法可消除气候要素的较短周期（比进行滑动平均的年数短的周期）的振动和偶然因素的影响，突出更长周期的振动规律和长年变化趋势。

本研究对于某一特定气候因子 n 个数据（$x_1, x_2, x_3, \cdots, x_n$），规定每5个相邻数据的小区间变化趋势是接近平稳的，为了消除、抑制这组数据测量结果的随机误差，求取5个相邻气候数据的平均值来表示这组5个数据中最中间点数据的测量结果 x_k，计算公式如下：

$$x_k = \frac{1}{5}\sum_{i=k-2}^{k+2} x_i \tag{6-2}$$

式中，x_k 为所选取气候数据中第 k 个数据5年的滑动平均值；x_i 为某个气候因子在第 i 月的数值；$i = k-2, k-1, k, k+1, k+2$。

6.2.4　气候数据的距平值

距平值指的是一系列数值中某一个观测值与平均值的差值，根据其正负可分为正距平值（+）和负距平值（−）。气候学和长期预报中常用气候要素的距平值表示当年值偏离常年值或单点要素值偏离区域平均值的情况，计算公式如下：

$$d_k = x_k - x_n \tag{6-3}$$

式中，d_k 为第 k 个气候数据的距平值；x_k 为第 k 个气候数据的时测数据；x_n 为这一组气候数据的平均值。

6.2.5　主成分分析

主成分分析（Principal component analysis，PCA）是考察多个变量间相关性的一种多元统计方法，主要从原始变量中导出少数几个主分量，使其尽可能多地保留原始变量的信息，且彼此之间互不相关。数学分析时，一般将原来的 P 个指标作线性组合，重新组合一组新的互不相关的综合指标。将选取的第一个线性组合记为第一主成分 F_1，用其方差 Var (F_1) 反映原来指标的信息，即 $Var(F_1)$ 越大，表示 F_1 包含的信息越多。如果第一主成分不足以完全代表原来 P 个指标的信息，再考虑选第 2 个线性组合 F_2 为第二主成分，依次类推，选出第三、第四……第 P 个主成分。这些主成分之间互不相关，且方差逐次递减。

针对一组原始数据：$X = (X_1, X_2, \cdots, X_p)$，其中，$Var(F_1) \geqslant Var(F_2) \geqslant \cdots \geqslant Var$ $(F_p) \geqslant 0$，向量 $a_1, a_2, \cdots, a_p$ 为相应的单位特征向量，则 X 的第 i 个主成分为：

$$Z_i = a_i X \tag{6-4}$$

式中，Z_i 为 X 的第 i 个主成分；a_i 为第 i 个单位特征向量；$i = 1, 2, \cdots, P$。

6.2.6 冗余分析

冗余分析（Redundancy analysis，RDA）是基于欧氏距离约束化的主成分分析，它属于约束性排序范畴，以统计学为基础来评价一组变量与另一组多变量数据之间的关系（Borcard et al.，1992），同时也可以分析环境变量中某一特定环境因素对群落种群结构组成的影响（Ter Braak and Šmilauer，2002）。

本研究采用冗余分析来定量分析不同年份松材线虫病疫情与气候因子的关系，分析各个气候因子对松材线虫病发病程度的影响。松材线虫病疫情矩阵主要包括研究区域内 2006—2013 年松材线虫病的发病林班个数、发病小班数、马尾松病死总株数、危害面积及病死株数/危害面积 5 个松材线虫病疫情指数；气候因子矩阵主要包括 2006—2013 年夷陵区月平均日照时数、月平均气温、月平均最高气温、月平均风速、月平均相对湿度和年降水量 6 个气候因子指标。

6.2.7 数据的检验和统计

在 SPSS 系统中，采用因子分析，分析不同年份松材线虫病疫情指数和气候因子的变化情况。采用基于线性模型的 RDA 分析方法进行松材线虫病疫情指数与气候因子的排序分析。数据的统计与分析均采用 Microsoft Excel 2010、SPSS 22.0、GraphPad Prism 6.0 和 CANOCO 5.0 软件来完成。

6.3 结果与分析

6.3.1 松材线虫病疫情指数因子分析

6.3.1.1 松材线虫病疫情指数相关性分析

夷陵区 2006—2013 年松材线虫病疫情指数之间的相关系数矩阵见表 6-3，由表可知，研究区域内松材线虫病发病小班数和发病林班个数（$r = 0.766$，$P < 0.05$）及马尾松病死总株

数和病死总株数/危害面积($r=0.631$，$P<0.05$)之间的相关性均达到了显著水平，其他各个松材线虫病疫情指数之间的相关性均较小。

表6-3 夷陵区2006—2013年松材线虫病疫情指数之间的相关系数矩阵

疫情因子	发病林班个数	发病小班数	病死总株数	危害面积（hm²）	病死株数/危害面积
发病林班个数	1				
发病小班数	0.766	1			
病死总株数	−0.368	−0.082	1		
危害面积(hm²)	−0.268	−0.148	0.383	1	
病死总株数/危害面积	0.084	0.151	0.631	0.116	1

6.3.1.2 松材线虫病疫情指数主成分分析

夷陵区2006—2013年松材线虫病疫情指数的主成分分析结果见表6-4，表中"排序轴特征值"反映的是每个排序轴所集中松材线虫病疫情指数矩阵中信息量的大小。从表中可知：4个排序轴的特征值分别为0.783、0.123、0.086和0.008，前两个排序轴共解释了90.63%的不同发病年份疫情指数间的关系，4个排序轴一共解释了99.99%的不同发病年份疫情指数间的关系。因此，松材线虫病疫情指数间的主成分分析结果较为理想，可以较好地分析松材线虫病疫情指数与发病年份之间的关系。

图6-1为夷陵区2006—2013年各个松材线虫病疫情指数间的主成分分析图，从图中可以更加直观地判断出研究区域内松材线虫病历年发病情况。由图可知，夷陵区内各个松材线虫病疫情指数与2006、2011—2013呈现出明显的正相关性，说明这四年松材线虫病危害比较严重；其中，2006年和2011年研究区域内松材线虫病发病林班和发病小班的数量较多，2012和2013年马尾松病死总株数和危害面积在松材线虫病各疫情指数中占据主导地位。松材线虫病疫情指数与2007—2010关系较远(方向、距离)，表明这四年松材线虫病危害相对较轻。

此外，分析松材线虫病各个疫情指数可知(表6-5)：发病林班个数与第一排序轴呈负相关性，相关系数为−0.829。病死总株数与第一排序轴相关系数为0.719，呈正相关性。病死总株数/危害面积与第二排序轴相关系数为0.823，亦呈现正相关性。其余各个疫情指数与排序轴相关系数较小。PCA分析结果表明：松材线虫病发生后，最显著的影响是导致研究区域内马尾松发病林班个数、病死总株数及病死总株数/危害面积3个指标增加，但是对研究区域内松材线虫病发病面积和发病小班数的影响相对较小。

表6-4 夷陵区2006—2013年松材线虫病疫情指数间的主成分分析结果

排序轴	排序轴特征值	年份–疫情指数关系变化累积量(%)
1	0.783	78.34
2	0.123	90.63

（续）

排序轴	排序轴特征值	年份-疫情指数关系变化累积量(%)
3	0.086	99.23
4	0.008	99.99

表 6-5　松材线虫病疫情因子与第一轴、第二轴的相关系数

疫情因子	第一排序轴	第二排序轴	方差的%
发病林班个数	-0.829	0.446	41.859
发病小班数	-0.669	0.62	32.661
病死总株数	0.719	0.585	16.076
危害面积(hm²)	0.581	0.171	6.749
病死总株数/危害面积	0.322	0.823	2.655
总和			100

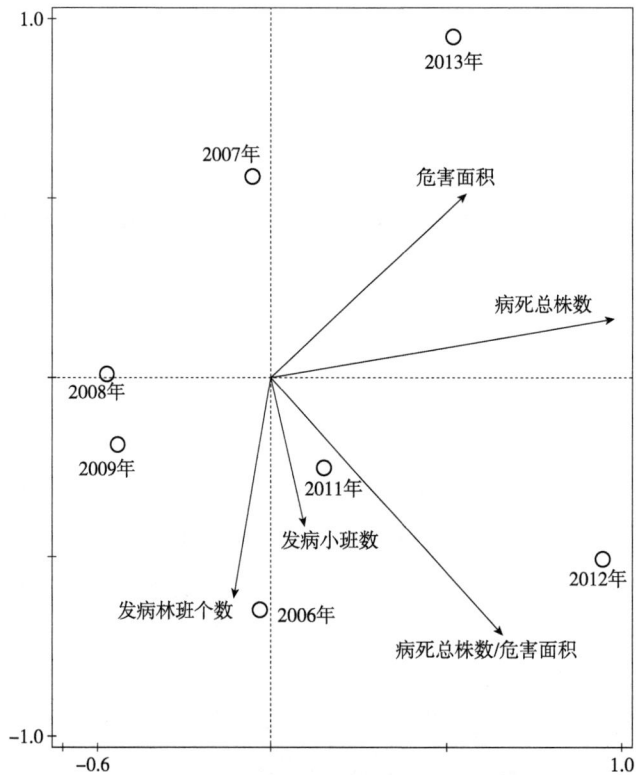

图 6-1　夷陵区 2006—2013 年松材线虫病疫情指数的主成分排序图

6.3.2 松材线虫病相关的气候因子分析

6.3.2.1 年均气温变化

年均气温是影响松材线虫病发生与流行最主要的气候因素，只有某一地区当年均气温高于10℃时，才可能会造成松材线虫病在该地区的发生与流行。由图6-2可知：夷陵区1990—2015年历年平均温度为17.28℃，远高于松材线虫正常发育的最低温度。松材线虫病发病前两年（2004—2005年）与发病当年（2006年）年平均气温距平值和5年滑动距平值均大于0（图6-3），说明夷陵区2004—2006年均气温高于历年平均值。

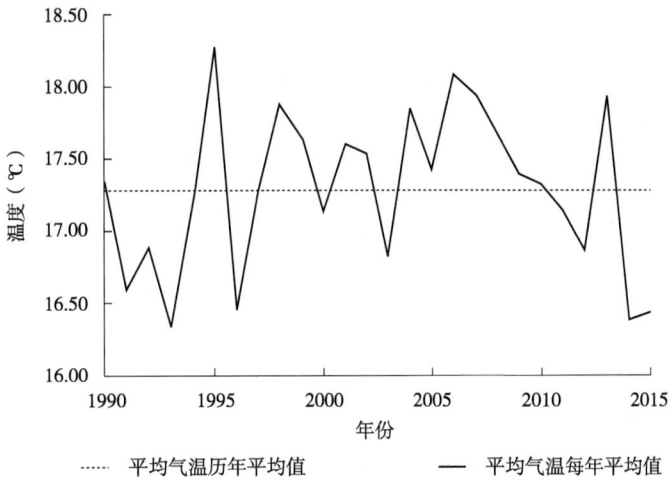

图6-2 夷陵区1990—2015年年均气温变化情况

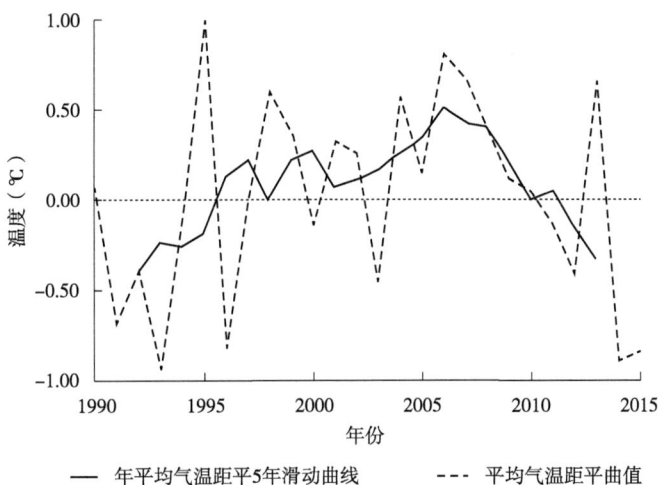

图6-3 夷陵区1990—2015年年均气温距平值变化情况

6.3.2.2 降水量变化

图 6-4 为夷陵区 1990—2015 年年均降水量距平值变化情况。由图可知，2004—2006 年降水量的距平值和年降水量 5 年滑动距平值均小于 0，说明 2004—2006 年降水总量低于历年降水总量平均值。分析区内 1990—2015 年月降水量变化情况可知（图 6-5），区内各月降水量差异较大，降水高峰期主要集中在 5—9 月；8 月降水量达到最大值。此外，2004—2006 年（松材线虫病发病前 2 年和发病当年）3—11 月（松材线虫活跃期）降水量明显低于历年月平均降水量。

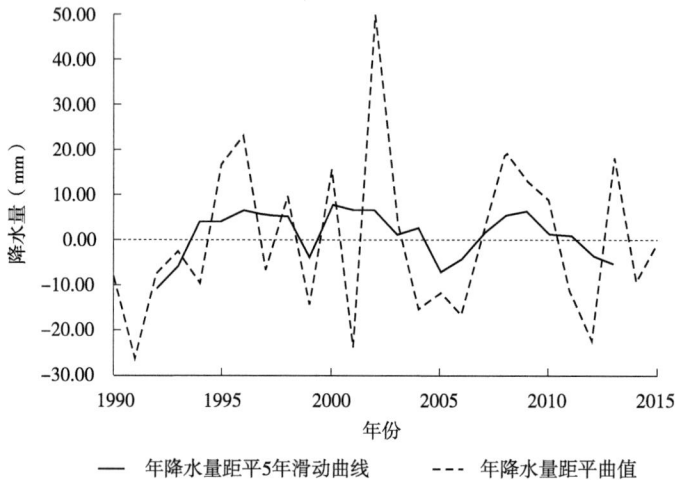

图 6-4　夷陵区 1990—2015 年年均降水量距平值变化情况

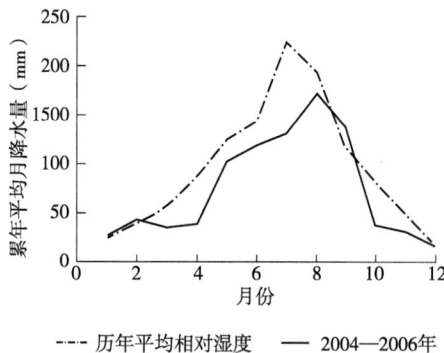

图 6-5　夷陵区 1990—2015 年月降水量变化情况

6.3.2.3 相对湿度变化

图 6-6 反映了夷陵区 1990—2015 年年均相对湿度距平值变化情况，由图可知，夷陵区 2002—2003 年平均相对湿度距平值达到了此阶段的峰值，说明夷陵区此一阶段空气相对湿度达到最大值。此后，平均相对湿度距平值开始急剧下降，在 2004—2006 年（发病前 2 年和发病当年）年平均相对湿度的距平值小于 0；此时，年平均相对湿度 5 年滑动距平值

达到了历年最低值。分析夷陵区月平均相对湿度可知(图6-7)，2004—2006年3—11月(松材线虫活跃期)的相对湿度均明显低于历年月平均值。本节研究结果表明，夷陵区2004—2006年(松材线虫病发病前2年和发病当年)平均相对湿度低于历年平均相对湿度平均值，且在松材线虫病活跃期(3—11月)相对干燥的气候条件可能是松材线虫病在夷陵区大面积发生的必要因素。

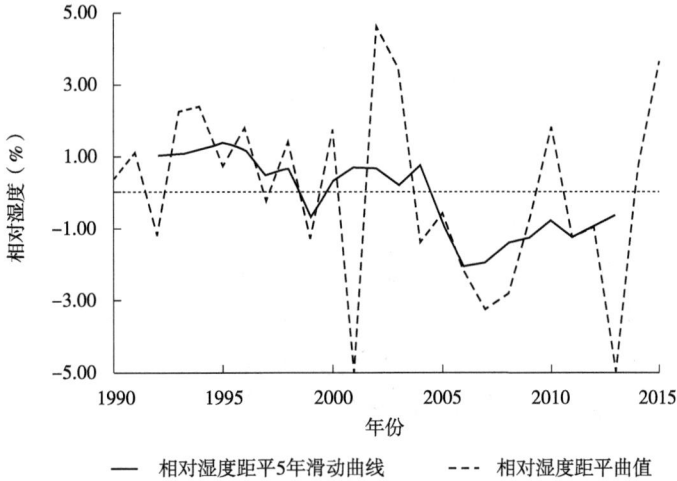

图6-6　夷陵区1990—2015年年均相对湿度距平值变化情况

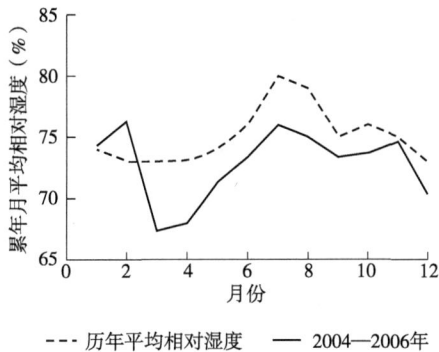

图6-7　夷陵区1990—2015年月相对湿度变化情况

6.3.2.4　气候因子相关性分析

分析夷陵区2006—2013年气候因子的相关关系(表6-6)，结果表明：月平均气温与月平均最高气温(正相关，$r=0.950$，$P<0.01$)、月平均相对湿度(负相关，$r=-0.844$，$P<0.01$)的相关性均达到了极显著水平；月平均最高气温与月平均日照时数($r=0.730$，$P<0.05$)呈现显著的正相关关系，与月平均相对湿度($r=-0.819$，$P<0.01$)呈现极显著负相关关系；其余各个气候因子之间亦呈现一定的相关性，但是均没有达到显著水平。

表 6-6　夷陵区 2006—2013 年气候因子之间的相关系数矩阵

	月平均日照时数（小时）	月平均气温（℃）	月平均最高气温（℃）	月平均风速（m·s⁻¹）	3—10月总降水量（mm）	月平均相对湿度（%）
月平均日照时数（小时）	1					
月平均气温（℃）	0.527	1				
月平均最高气温（℃）	0.730	0.950	1			
月平均风速（m·s⁻¹）	0.117	0.494	0.409	1		
3—10月总降水量（mm）	-0.227	0.009	-0.005	-0.119	1	
月平均相对湿度（%）	-0.323	-0.844	-0.819	-0.306	0.011	1

6.3.2.5　气候因子主成分分析

表 6-7 为夷陵区 2006—2013 年气候因子间的主成分分析结果，其中"排序轴特征值"反映的是每个排序轴所集中气候因子矩阵中信息量的大小。4 个排序轴的特征值分别为 0.661、0.304、0.028 和 0.006，前两个排序轴共解释了 96.52% 的不同发病年份气候因子之间的关系，4 个排序轴一共解释了 99.99% 的不同发病年份气候因子之间的关系。因此，2006—2013 年气候因子的主成分分析结果较为理想。图 6-8 为夷陵区 2006—2013 年气候因子的主成分分析图。从图中可知，2006 年（夷陵区松材线虫病发病第一年）与月日照时数、月平均最高气温和月平均气温距离较近，与年降水量和月平均相对湿度距离较远且呈现出负相关关系，这表明 2006 年月日照时数、月平均最高气温和月平均气温是占据主导地位的气候因子，当年主要表现为高温、低湿的气候。2008—2010 年月平均相对湿度和年降水量关系较近且呈现正相关关系，表明二者为这三年占据主导地位的气候因子。2011 年，月平均风速为主要的气候因子。2012 年和 2013 年没有较为明显占据主导地位的气候因子。

表 6-7　夷陵区 2006—2013 年气候因子间的主成分分析结果

排序轴	排序轴特征值	年份-气候因子关系变化累积量（%）
1	0.661	66.08
2	0.304	96.52
3	0.028	99.3
4	0.006	99.9

由表 6-8 可知，夷陵区 2006—2013 年的月平均气温和月平均最高气温与第一排序轴呈现正相关性，相关系数分别为 0.963 和 0.985。月平均相对湿度与第一、第二排序轴均呈现负相关关系，相关系数分别为 -0.849 和 -0.204。年降水量与第一排序轴相关关系较小，但与第二排序轴的相关关系较大，相关系数分别为 -0.094、0.939。此分析结果表明：月平均气温、月平均最高气温、月平均相对湿度和年降水量是主导松材线虫病疫情发生的主要气候因子。

表 6-8　夷陵区 2006—2013 年气候因子与第一轴、第二轴的相关系数

气候因子	第一排序轴	第二排序轴	方差的%
月日照时数(小时)	0.673	−0.386	55.876
月平均气温(℃)	0.963	0.143	18.258
月平均最高气温(℃)	0.985	0.052	15.084
月平均风速(m·s⁻¹)	0.522	−0.028	9.275
年降水量(mm)	−0.094	0.939	1.457
月平均相对湿度(%)	−0.849	−0.204	0.049

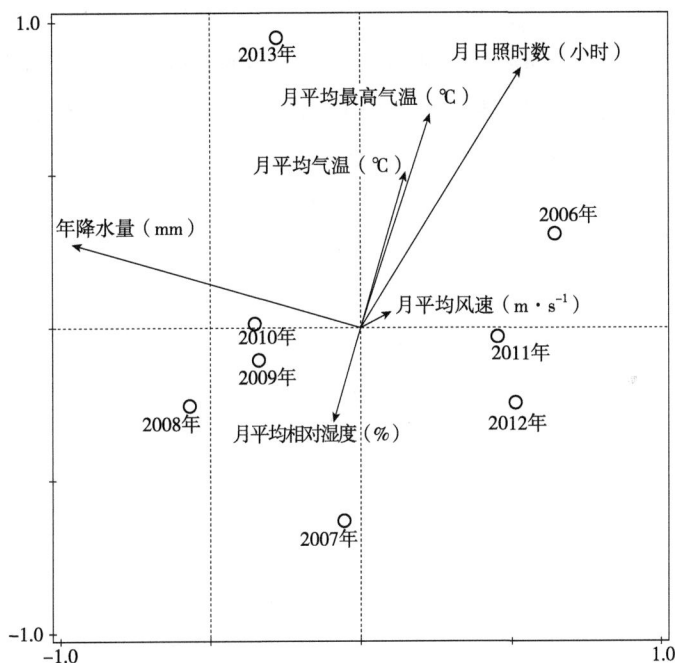

图 6-8　夷陵区 2006—2013 年气候因子的主成分排序图

6.3.3　松材线虫病疫情指数与气候因子之间的冗余分析

夷陵区松材线虫病疫情指数与气候因子的 RDA 排序结果见表 6-9，表中"物种-环境相关系数"表示每个排序轴与真实环境梯度之间的相关性。本研究选取的 6 个气候因子共解释了 96.80% 的总体特征值，前 4 个排序轴的特征值分别为 0.693、0.182、0.045 和 0.043，合计占总体特征值的 99.48%。6 个气候因子和 5 个松材线虫病疫情指数的相关系数均较高，4 个排序轴一共解释了 96.24% 的松材线虫病疫情指数与气候因子关系的变化。综上说明，本研究中松材线虫病疫情指数与气候因子之间的冗余分析结果良好，能够较好地反映松材线虫病疫情指数与气候因子之间的关系。

表 6-9 夷陵区松材线虫病疫情指数与气候因子的 RDA 排序结果

排序轴	排序轴特征值	物种-环境相关系数	气候因子-PWD 疫情关系变化累积量(%)	特征值总和	典范特征值总和(%)
1	0.693	0.992	69.33	1	96.80
2	0.182	1	87.48		
3	0.045	0.84	91.97		
4	0.043	0.995	96.24		

图 6-9 为夷陵区 2006—2013 年松材线虫病疫情指数与气候因子的 RDA 排序图。由图可知，松材线虫病发病林班个数和发病小班数与月平均相对湿度呈现正相关，说明相对湿度较高的气候因素有助于促进松材线虫病在林班之间的扩散传播。马尾松病死总株数和危害面积与月平均最高气温、月平均气温、月日照时数均呈现正相关关系，与月平均风速和月平均相对湿度呈现负相关关系；马尾松病死总株数/危害面积与年降水量呈现负相关关系。

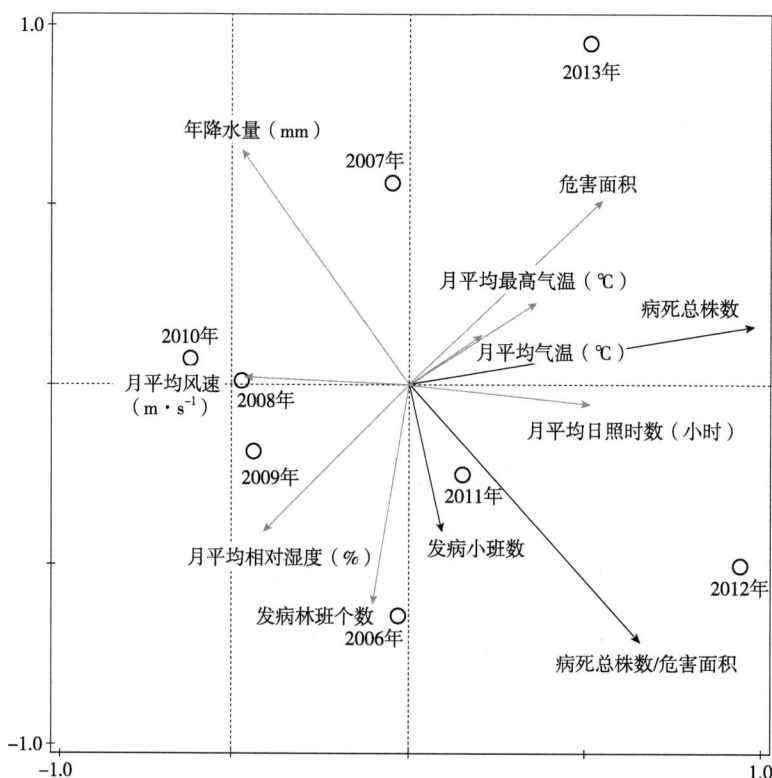

图 6-9 夷陵区 2006—2013 年松材线虫病疫情指数与气候因子之间的 RDA 分析

6.4 小结与讨论

松材线虫是我国重大的外来入侵物种，自 2006 年夷陵区首次发现松材线虫病危害以来，该区每年都在遭受着松材线虫病的危害，且危害程度一直居高不下。本章节进行了夷陵区 2006—2013 年松材线虫病疫情指数之间的相关性分析和主成分分析，阐明了松材线虫病各疫情指数之间的关系及区域内松材线虫病历年的危害程度。相对而言，夷陵区内 2006、2011—2013 年夷陵区松材线虫病危害程度较为严重，2007—2010 年松材线虫病危害程度较轻。此外，松材线虫病发病林班个数、马尾松病死总株数是评估夷陵区松材线虫病危害程度最重要的指标，这也表明夷陵区发生松材线虫病危害可导致马尾松发病林班个数、病死总株数显著增加，但是对马尾松发病面积和发病小班数带来的影响相对较小。

松材线虫病是一个极其复杂的"媒介昆虫—病原线虫—寄主植物"侵染循环系统，局部区域微气候的轻微变化都可能对整个侵染循环系统及其各组分带来较大的影响。如外界环境温度可显著影响松材线虫体内酶的活性和内分泌激素代谢等生理生化活动，从而决定了松材线虫的生长、发育和繁殖（Zhao et al.，2008）；高温干旱的气候条件有利于松材线虫病害在某一地区的发生与危害，亦可显著升高松林生态系统内感病松树的枯死率（石娟，2005）。此外，松墨天牛的生长发育也与温度有着密切的关系，在浙江省，松墨天牛卵的发育起点温度为 11.2~13.0℃，19~28℃是最适合幼虫孵化的温度，其孵化所需要的有效积温为 65~89℃（柴希民和蒋平，2003）。当大气温度高的时候，亦可加快松墨天牛的发育速率，导致其活动变得异常活跃；雨水天气时，松墨天牛则会处于潜伏的状态，影响其取食和扩散（Roques et al.，2015；孔维娜等，2006；David et al.，2017）。大气相对湿度同样也是影响某一特定区域内森林病虫害发生、发展的重要气候因素（Leong and Ho，1990；毕猛，2014）。

气候因素影响着松材线虫病的发生与流行（习妍和牛树奎，2008），高温干旱的气候条件则有利于松材线虫病的大暴发（杨宝君等，2003）。分析夷陵区 1990—2015 年温度、降水量及平均相对湿度可知，夷陵区松材线虫病发病前两年（2004—2005 年）与发病当年（2006 年）相比，主要表现出以下两个特征：①年平均气温明显高于历年平均值；②降水量和平均相对湿度低于历年平均值。夷陵区为松材线虫病活跃期创造了高温干燥的气候条件，导致 2006 年松材线虫病大面积发生与危害。

夷陵区 2006—2013 年气象因子之间的相关关系分析表明，月平均气温与月平均最高气温呈现极显著的正相关性，与月平均相对湿度呈现极显著的负相关性；月平均最高气温与月平均日照时数呈现显著的正相关性，与月平均相对湿度呈现极显著负相关关系；其余各个气象因子之间的相关关系均没有达到显著水平。气象因子主成分分析结果表明，2006 年（松材线虫病暴发第一年）的月日照时数、月平均最高气温和月平均气温是占据主导地位的气象因子，当年主要为高温、低湿的气候条件，这也是导致当年松材线虫病在夷陵区大暴发的必要条件。年降水量和月平均相对湿度为 2008—2010 年的主要气象因子，而这三年内松材线虫病危害相对较轻，这也说明降水量和空气湿度较大的气候条件可以适当减缓、抑制松材线虫病的发生与危害（习妍等，2008；毕猛，2014）。研究结果亦表明，月平均风速是导致夷陵区 2011 年松材线虫病扩散蔓延的最主要的气象因子，分析其原因可能是当月平均风速增大时有利于松材线虫的媒介昆虫松墨天牛进行远距离的传播扩散（柴希民和蒋平，2003；杨爱民，2004），导致区内松材线虫病危害范围变大，危害程度加重。

RDA 分析是一种直接梯度分析方法，它以统计学为基础来评价一组变量与另外一组变量数据之间的关系，最大的优势在于能独立保持各个变量对生物群落变化的贡献率（董旭辉等，2007；高瑞贺等，2013）。本研究分析了夷陵区 2006—2013 年松材线虫病疫情指数与气象因子之间的 RDA 排序，结果表明，月相对湿度较高的气候因素有助于松材线虫病在各个林班之间的扩散传播；月平均最高气温、月平均气温和月日照时数的增加，会导致马尾松病死总株数增加和危害面积扩大，相反，月平均相对湿度和年降水量增加时，则会降低马尾松病死总株数和危害面积。而最高气温、平均气温、日照时数是反映研究区域气候温度的重要指标，平均相对湿度和降水量是反映气候干旱程度的重要指标，因此可以推断：当夷陵区全年表现出高温、干旱的气候条件时，区内当年松材线虫病危害程度比较严重；反之，松材线虫病危害程度较轻。

此外，近些年来全球气候变化逐渐成为当今人类社会可持续发展面临最为严峻的挑战之一。根据 2013 年 IPCC 报告，在过去数十年中，地球表面温度上升了 0.85℃，预计到本世纪末全球平均地表气温将会再升高 1.1~6.4℃。全球气候变化会对松材线虫的存活和生长、媒介昆虫的分布、寄主树种对松材线虫的抵抗力、松材线虫病复合系统的表达等多方面带来显著影响，从而直接导致松材线虫病危害程度加重（Roques et al.，2015）。先前研究认为不适合松材线虫病发病的区域，包括日本的青森县、韩国忠南省的保宁市和京畿省的杨州市（Nakamura et al.，2013；Shinya et al.，2013），以及我国陕西、山东、辽宁、甘肃等地区，最近几年内相继出现了松材线虫病的大暴发，对当地的松林资源造成了毁灭性的危害。预计到 2100 年我国适宜松材线虫生存的区域面积会扩大到目前发病区域的 2 倍左右，其向我国北部和西部地区扩散蔓延的速度也会加快（程功等，2015）。

7 松材线虫病媒介昆虫在中国的适生区分析

7.1 引言

松材线虫是一种植物寄生线虫，生活在寄主松树的木质部，其自然传播依赖于媒介昆虫从受感染的寄主植物传播到健康植物（Aikawa，2008；Li M. et al.，2021）。目前，能携带松材线虫的主要媒介昆虫是墨天牛属的昆虫（Linit et al.，1983；Kobayashi et al.，1984；Linit，1988；Li et al.，2020；Li M. et al.，2021）。当媒介昆虫靠近被松材线虫侵染的松树时，松材线虫的 4 龄幼虫在羽化前附着在媒介昆虫的呼吸气管和生殖系统上，当媒介昆虫以新的健康寄主植物为食时，释放出松材线虫，随后感染健康的寄主树种（Balestrinie et al.，2009；Zhao et al.，2013；Zhang et al.，2020）。因此，媒介昆虫是松材线虫病感染系统中的重要环节，有效控制媒介昆虫是预防松材线虫病的重要措施（叶建仁和吴小琴，2022）。

在我国，松墨天牛是传播松材线虫病最主要的媒介昆虫，在松材线虫扩散和侵染过程中，该虫起着携带、传播和协助病原侵入寄主植物的关键作用（杨忠岐等，2012；宋玉双，2013；理永霞和张星耀，2018；叶建仁，2019；叶建仁和吴小琴，2022）。早在2003 年，松墨天牛就已被列入"全国林业危险性有害生物名单"。近年来，松墨天牛已突破我国原有的分布区域，呈现向我国北方地区扩散态势，并在新入侵地区成功定殖。以往观点认为，我国松墨天牛主要分布在热带、亚热带以及温带的 19 个省（自治区、直辖市），2016 年以来，在中国高纬度地区和松材线虫病的新发现地区，包括吉林省和辽宁省，云杉花墨天牛（*M. saltuarius*）被认为是松材线虫感染松树的新媒介昆虫（于海英和吴昊，2018），该甲虫在携带、传播和协助松材线虫侵入寄主植物中起着关键作用。云杉花墨天牛是一种广泛分布于中国北方的本土物种，在山西省、内蒙古自治区、辽宁省、吉林省和黑龙江省等地都是常见害虫。此外，在亚洲东部地区，云杉花墨天牛作为松材线虫的媒介昆虫，给当地的松林造成了巨大的危害。根据欧洲和地中海植物保护组织报告，俄罗斯和哈萨克斯坦分别于 2014 年和 2017 年将云杉花墨天牛列为 A1 名录，欧亚经济联盟将其列为 A2 名录。目前，云杉花墨天牛主要分布于我国东北和华北地区，而未来气候的变化会使云杉花墨天牛和松材线虫的地理分布区域扩大（Gao et al.，2023），继而会进一步加速松材线虫病的扩散。

本研究结合最新的松墨天牛和云杉花墨天牛的发生数据和气候数据，利用优化后的 MaxEnt 模型对松墨天牛和云杉花墨天牛在中国潜在的适生区进行了预测和分析，以期为松材线虫病及其媒介昆虫在我国的精准防控提供理论依据。

7.2 材料与方法

7.2.1 物种分布数据

松墨天牛在我国的分布记录主要通过实地调查，查阅文献，查阅全球生物多样性信息服务网络平台（GBIF，https：//www.gbif.org/）、国际应用生物科学中心（CABI，https：//www.cabi.org/）以及国家林业和草原局政府网（https：//www.forestry.gov.cn/）等方式进行获取。云杉花墨天牛的分布记录主要通过以下方式进行获取：通过对中国不同地区云杉花墨天牛分布的实际调查，共获取到 58 条分布记录；通过查阅各类已发表的文献，共获取到 69 条分布记录；通过查阅国家动物标本资源库（http：//museum.ioz.ac.cn/index.html），共获取到 7 条分布记录；通过查阅相关数据库以及官方网站，共获取到 41 条分布记录。

将获取到的分布记录进行整理汇总，删除重复记录以及错误记录，按照物种名、经度、纬度的顺序保存为 CSV 的格式备用，按照东经和北纬为正进行记录。为了消除空间自相关以及采样偏差，将保存好的分布点数据导入 Arc GIS 10.7 软件中，利用软件自带的缓冲分析功能对分布数据进行稀疏化处理，从而确保 25km²（5km×5km）的范围内只存在 1 个分布记录。最终一共得到 650 条松墨天牛分布数据和 175 条云杉花墨天牛分布数据用于模型的运行和验证。

7.2.2 环境变量

本研究选取了生物气候变量、风速、来源于高程数据的海拔数据等共 32 个变量（表 7-1）用于研究松材线虫病的媒介昆虫（松墨天牛和云杉花墨天牛）的适生区。以上数据来源于世界气候数据库（WorldClim，https：//www.worldclim.org/），该数据库收集了 1970—2000 年全球各地气象站的月气象数据，插值生成全球气候变量栅格数据，分辨率为 5 弧分。未来气候数据包括生物气候变量、月平均最低温度、月平均最高温度和月总降水量 4 种，选择 CMIP6（第六次国际耦合模式比较计划）中的 BCC-CSM2-MR（北京气候中心气候系统模式的中等分辨率气候系统模式），模拟未来两个时间段的气候变化，使用 2040—2060 年的数据模拟 2050 年，使用 2080—2100 年的数据模拟 2100 年。依据共享社会经济路径（shared socio-economic pathways，SSPs），本次研究选择两种温室气体排放情景，即低等辐射强迫的情景（SSP126，2.6Wm⁻²）和高等辐射强迫的情景（SSP585，8.5Wm⁻²）。

表 7-1 松材线虫病媒介昆虫 MaxEnt 模型建模所用环境变量描述

类型	变量	描述	单位
生物气候变量	Bio1	年均温	℃
	Bio2	平均日温差	℃
	Bio3	等温性	—
	Bio4	温度季节性	—
	Bio5	最暖月份的最高温度	℃
	Bio6	最冷月份的最低温度	℃
	Bio7	年温差	℃
	Bio8	最湿季平均温度	℃
	Bio9	最干季平均温度	℃
	Bio10	最暖季平均气温	℃
	Bio11	最冷季平均气温	℃
	Bio12	年降水量	mm
	Bio13	最湿月份降水量	mm
	Bio14	最干月份降水量	mm
	Bio15	降水季节性	—
	Bio16	最湿季降水量	mm
	Bio17	最干季降水量	mm
	Bio18	最暖季降水量	mm
	Bio19	最冷季降水量	mm
风速	Wind-01	一月平均风速	m·s^{-1}
	Wind-02	二月平均风速	m·s^{-1}
	Wind-03	三月平均风速	m·s^{-1}
	Wind-04	四月平均风速	m·s^{-1}
	Wind-05	五月平均风速	m·s^{-1}
	Wind-06	六月平均风速	m·s^{-1}
	Wind-07	七月平均风速	m·s^{-1}
	Wind-08	八月平均风速	m·s^{-1}
	Wind-09	九月平均风速	m·s^{-1}
	Wind-10	十月平均风速	m·s^{-1}
	Wind-11	十一月平均风速	m·s^{-1}
	Wind-12	十二月平均风速	m·s^{-1}
海拔	Elev	海拔	m

7.2.3 环境变量的筛选

为了降低提取的环境变量之间多个线性重复带来的自相关影响，以避免造成 MaxEnt 模型的过度拟合，因此需要对环境变量进行筛选和去除，以减少冗余信息对模拟结果产生的影响。首先将下载好的栅格数据导入 Arc GIS 软件中，利用软件自带的转换工具"栅格转 ASCⅡ"，将栅格数据转化为 ASCⅡ格式(. asc)备用；接着将处理好的分布记录导入 Arc GIS 软件中，并为其固定地理坐标系(GCS_WGS_1984)，并将分布记录转换成 Shapefile 格式(.shp);之后利用 Arc GIS 软件 Spatial Analyst 工具中的"提取分析-采样"功能,将松墨天牛和云杉花墨天牛的分布记录与环境变量所对应的信息进行提取;最后在 SPSS 22.0 软件中使用皮尔逊相关性分析数据(图7-1),为了提高模型模拟的精度,去除相关性大于0.8 的变量中贡献率较低的变量(Xu et al.,2019;Li et al.,2021),最终选取9个变量预测松墨天牛的适生区,选取8个变量预测云杉花墨天牛的适生区。

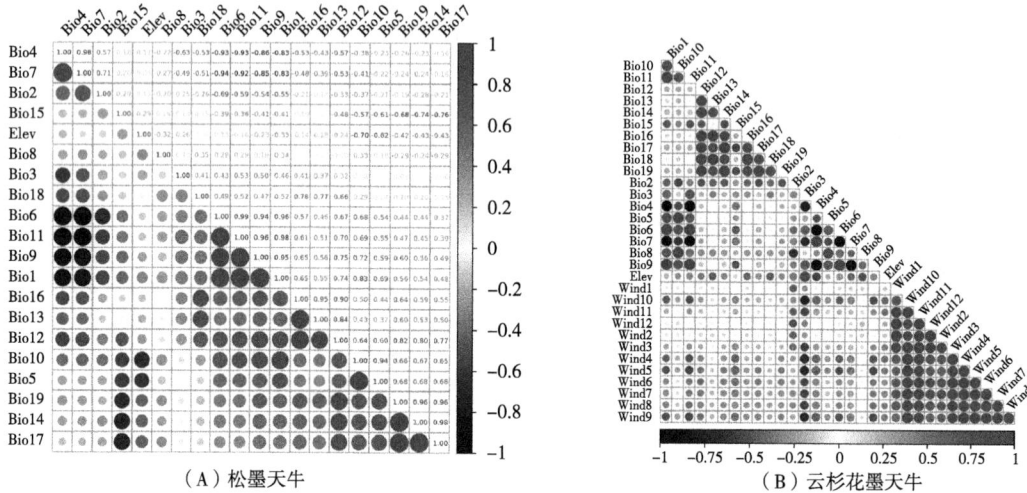

图7-1 环境变量的皮尔逊相关分析和相关系数

(A 为松墨天牛,B 为云杉花墨天牛)

7.2.4 模型参数优化

研究表明使用 MaxEnt 模型的默认参数会造成模型的过度拟合,使结果的准确性降低,因此我们使用 R 软件中的"ENMeval"数据包,对模型的调控倍频(regularization multiplier,RM)和特征组合(feature combination,FC)进行优化,以期选择最优组合进行建模(Yan et al.,2021)。MaxEnt 模型一共包括了 L(linear)、Q(quadratic)、H(hinge)、P(product)和T(threshold)五种特征,本研究所采用的优化后的 MaxEnt 模型特征组合为 L、LQ、H、LQH、LQHP 和 LQHPT;8 种调控倍频为 0.5、1、1.5、2、2.5、3、3.5 和 4。运用 AICc 值、10%训练遗漏率(OR_{10})和"最小训练集"遗漏率(OR_{MTP})来评估不同参数组合的拟合度和复杂度(Fielding et al.,1997;Phillips et al.,2017),选择出最优的参数组合进行建模。通常来说,具有最低的 ΔAICc 值的参数组合为构建模型的最佳参数。

7.2.5 模型构建

将整理完毕的松墨天牛和云杉花墨天牛的分布记录和环境变量分别导入 MaxEnt 中。首先在主界面分别勾选"Create response curves"和"Do jackknife to measure variable importance",随后在"Output directory"设置结果输出的位置;接着点击模型底部的"Settings",将"Basic"中的"Random text percentage"设置为 25%,将"Replicates"设置为 10,选择"Subsample"方式；最后在"Advanced"中将"Maximum iterations"设置为5000。

7.2.6 模型评价与适生区的划分

本研究通过 ROC 曲线分析法中的 AUC 值来判断模型的准确性，一般而言，AUC 值越高，使用 MaxEnt 模型的预测效果越好。AUC 值取值范围为 0~1，模型的评价标准为失败(0~0.6)、差(0.6~0.7)、一般(0.7~0.8)、好(0.8~0.9)、非常好(0.9~1.0)。将 MaxEnt 模型预测的结果导入 ArcGIS 软件中，利用软件自带的转换工具中"ASC Ⅱ 转栅格"，将数据转化成栅格格式，随后使用数据管理工具中的投影功能，将栅格的坐标系定义为"GCS_WGS_1984"；使用"Spatial Analyst"工具中的"重分类"功能对预测结果进行划分，并使用自然间断点分级法(Jenks' natural breaks)将松墨天牛和云杉花墨天牛的适生区划分为四类(表 7-2)。

表 7-2　自然间断点分级法划分媒介昆虫适生区

物种	非适生区	低适生区	中适生区	高适生区
松墨天牛	0~0.1	0.1~0.3	0.7~0.5	0.5~1
云杉花墨天牛	0~0.09	0.09~0.28	0.28~0.5	0.5~1

7.2.7 潜在质心变化与适生概率的趋势变化

质心变化情况指的是适生区中心的变化情况，通过计算物种在不同时期下的质心，可以反映物种在未来适生区中心的迁移轨迹。首先将重分类好的栅格数据使用转换工具中的"栅格砖面"功能进行转换；接着将转换好的面数据使用空间统计工具中的"平均中心"功能对适生区的质心进行计算，同时利用"测量"工具计算在不同时期下质心的迁移距离。

针对物种的适宜概率变化趋势，首先使用提取分析功能将 MaxEnt 模型预测结果中适生区的范围提取出来；接着使用"栅格转点"功能进行格式的转换；最后使用 GraphPad Prism 软件对各纬度的适生概率均值进行 95% 置信区间的多项式拟合，探索松墨天牛和云杉花墨天牛在中国地区从低纬度到高纬度适宜概率的变化趋势。

7.3　结果与分析

7.3.1　模型的优化与准确性评价

7.3.1.1　松墨天牛模型

通过比较"ENMeval"数据包建立的不同参数设置组合的 ΔAICc 值(图 7-2)，当选择默认设置参数 RM=1，FC 选取 LQHP 时，其 ΔAICc 值为 3.5386。而当 ΔAICc 值大于 2 时，表明使用默认参数建立的 MaxEnt 模型是不准确的，要选择其他的设置参数进行建模。在本次研究中选择的不同参数组合中，ΔAICc<2 的参数组合共有 2 组，分别为 RM＝1.5，FC 选取 LQHP；RM＝1.5，FC 选取 LQHPT，它们的 ΔAICc 都为 0。这 2 组参数组合的 ΔAICc 都在接受范围内，都具有较高的准确性。进一步对 OR_{10} 和 OR_{MTP} 等评估指标进行比较，结果（表 7-3）发现：当 RM＝1.5，FC 选取 LQHP 时，其 OR_{MTP} 值与 RM＝1.5，FC 选取 LQHPT 的 OR_{MTP} 值一样，但是 OR_{10} 值低于 RM＝1.5，FC 选取 LQHPT 的 OR_{10} 值。因此，选择 RM＝1.5，FC 选取 LQHP 作为最终的设置参数。

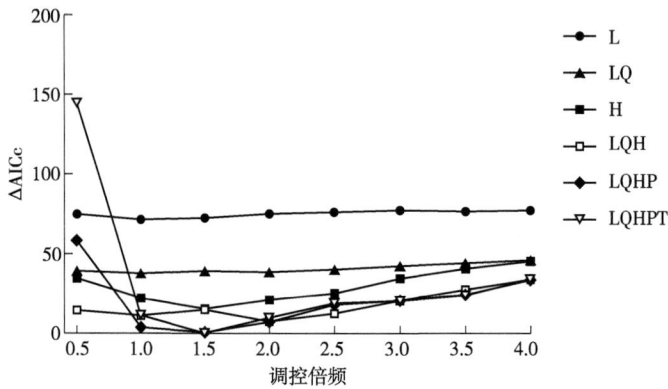

图 7-2　松墨天牛在不同特征组合和调控倍频设置下 MaxEnt 模型的 ΔAICc 值

表 7-3　松墨天牛模型优化时 ΔAICc<2 的参数设置下的评估结果

FC	RM	OR_{MTP}	OR_{10}	ΔAICc
LQHP	1.0	0.04166	0.152778	3.5386
LQHP	1.5	0.006944	0.145833	0
LQHPT	1.5	0.006944	0.152778	0

经过模型优化后，选择最优的 MaxEnt 模型在当前的气候条件下重复 10 次，训练 AUC 最大为 0.924，最小为 0.922，平均值为 0.922±0.0007；测试 AUC 最大为 0.924，最小为 0.912，平均值为 0.920±0.004（图 7-3）。AUC 测试表明模型的精度非常好，可用于松墨天牛适生区的预测分析。

7.3.1.2　云杉花墨天牛模型

在进行云杉花墨天牛适生区预测时，当使用 MaxEnt 模型的默认设置参数 RM＝1，FC 选取 LQHP 时，其 $AUC_{diff}＝0.058$，ΔAICc＝39.247。在 R 软件中使用"ENMeval"数据包进行优化后，将 MaxEnt 模型的参数设置为 RM＝0.5，FC 选取 LQHP 时，其 ΔAICc ＝0（图 7-4）。进一步比较其他指标，发现将参数设置为 RM＝0.5，FC 选取 LQHP 时，$AUC_{diff}＝0.054$，较默认参数降低了 6.9%。因此，选择 RM＝1.5，FC 选取 LQHP 作为最终的设置参数（表 7-4）。

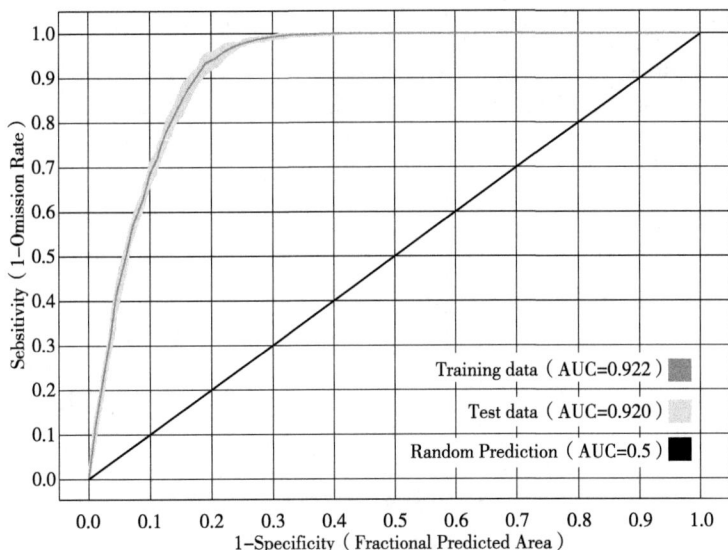

图 7-3　松墨天牛适生区的 ROC 曲线检验

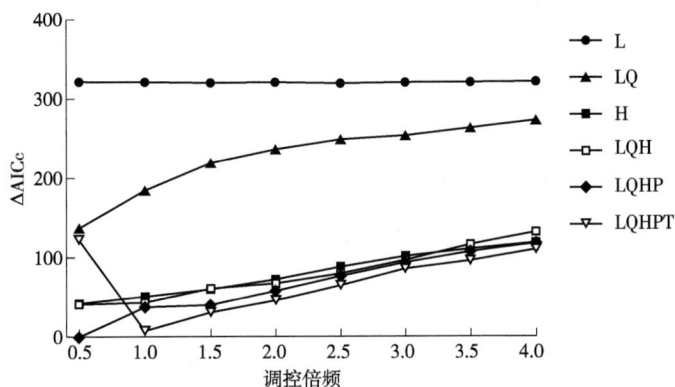

图 7-4　云杉花墨天牛在不同特征组合和调控倍频设置下 MaxEnt 模型的 ΔAICc 值

表 7-4　云杉花墨天牛使用 MaxEnt 模型建模时在默认设置和优化设置下的性能差异

	默认设置	优化设置
调控倍频 RM	1.0	0.5
特征组合 FC	LQHP	LQHP
Mean AUC	0.904	0.906
AUC_{diff}	0.058	0.054
OR_{MTP}	0.076	0.076
OR_{10}	0.355	0.360
ΔAICc	39.247	0

　　经过模型优化后，MaxEnt 模型表现出很高的预测性能，模型训练后的 AUC 值为 0.954±0.0024，模型测试后的 AUC 值为 0.943±0.0096（图 7-5）。AUC 测试表明模型的精度非常好，可用于云杉花墨天牛适生区的预测分析。

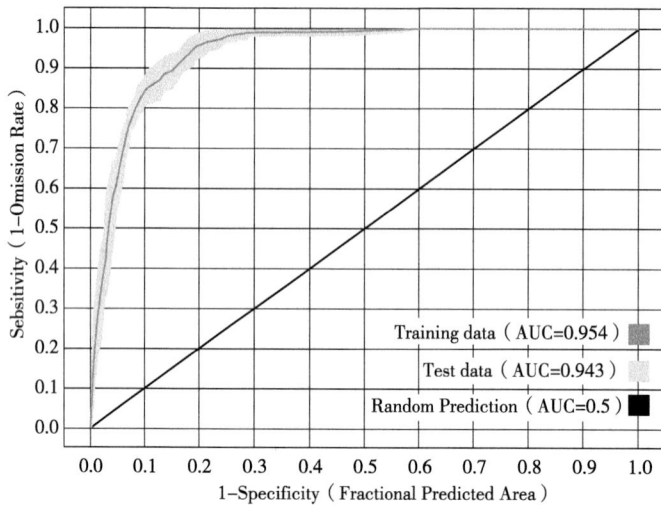

图 7-5　云杉花墨天牛适生区的 ROC 曲线检验

7.3.2　松材线虫病媒介昆虫分布与环境变量的关系

7.3.2.1　松墨天牛分布与环境变量的关系

在预测松墨天牛的适生区时使用的 9 个环境变量中，最干月份降水量（Bio14）、年降水量（Bio12）和海拔（Elev）是 MaxEnt 模型预测中使用的前 3 变量，累计贡献率达 87.8%（图 7-6）。对筛选出的环境变量进行 Jackknife 分析发现（图 7-7），在单独使用环境变量时，正则化训练增益较高的 3 个环境变量为 Bio2、Bio12 和 Bio14；而当单独使用 Bio3 时，几乎没有任何增益，表明它对预测松墨天牛适生区的贡献很小；在使用除 Bio18 以外的环境变量时，正则化训练增益明显下降，表明其具有较多其他变量不存在的信息。综上所述，影响松墨天牛潜在分布的温度因子主要有 Bio2，降水因子主要有 Bio12、Bio14 和 Bio18，以及海拔因子 Elev。

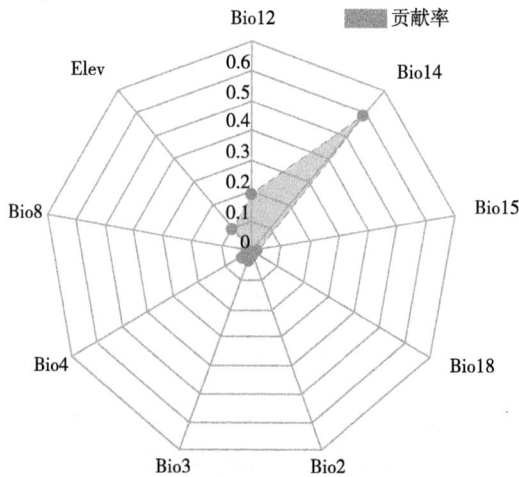

图 7-6　松墨天牛环境变量对 MaxEnt 模型预测的贡献率

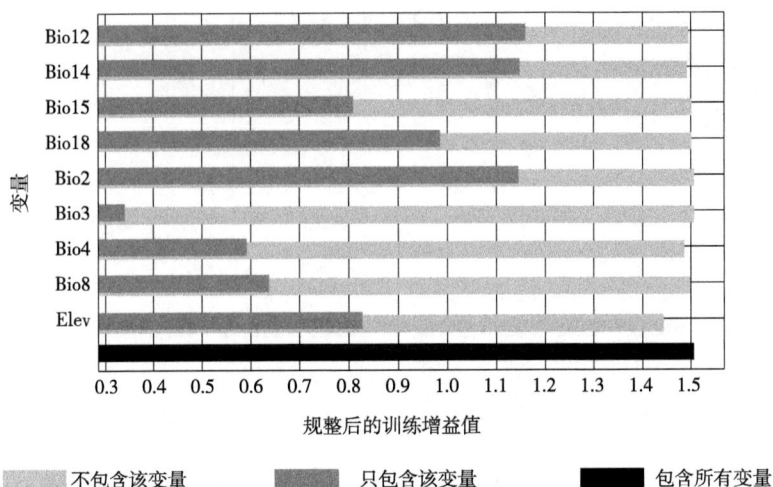

图 7-7　松墨天牛 MaxEnt 模型中环境变量重要性的刀切法检验结果

"不包含该变量"表示不含该变量的模型的正则化训练增益，"只包含该变量"表示只含该变量的
模型的正则化训练增益，"包含所有变量"表示含所有变量的模型的正则化训练增益

7.3.2.2　云杉花墨天牛分布与环境变量的关系

在预测云杉花墨天牛的适生区时使用的 8 个环境变量中，温度季节性(Bio4)、最湿月份降水量(Bio13)、降水季节性(Bio15)是 MaxEnt 模型预测中使用的前 3 个变量，累计贡献率为 75.5%(图 7-8)。对筛选出的环境变量进行 Jackknife 分析发现(图 7-9)，在单独使用气候变量时，正则化训练增益较高的 4 个环境变量为 Bio4、Bio5、Bio13 和 Elev；而当单独使用 wind-09 时，几乎没有任何增益，表明它对预测云杉花墨天牛适生区的贡献很小。综上所述，影响云杉花墨天牛潜在分布的温度因子主要有 Bio4 和 Bio5，以及降水因子主要有 Bio13 和 Bio15，以及海拔因子 Elev。

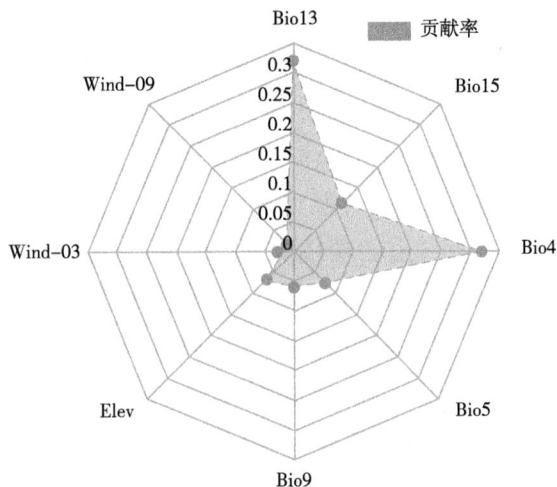

图 7-8　云杉花墨天牛环境变量对 MaxEnt 模型预测的贡献率

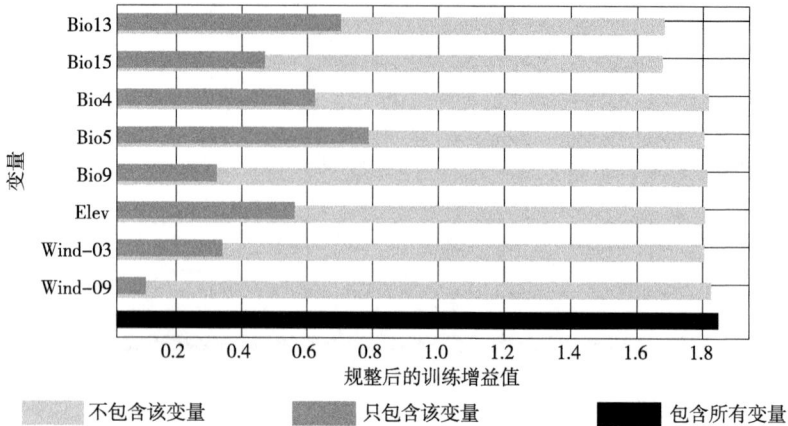

图 7-9　云杉花墨天牛 MaxEnt 模型中环境变量重要性的刀切法检验结果

"不包含该变量"表示不含变量的模型的正则化训练增益，"只包含该变量"表示
只含该变量的模型的正则化训练增益，"包含所有变量"表示含所有变量的模型的正则化训练增益

7.3.3　主导环境因子响应曲线分析

7.3.3.1　松墨天牛主导环境因子分析

根据环境变量的响应曲线(图 7-10)结果可知，平均日温差(Bio2)在 3.42~6.31℃和 6.99~8.49℃时，与松墨天牛的分布呈正相关，在 6.31~6.99℃和 8.49~19.66℃时，与松墨天牛的分布呈负相关；年降水量(Bio12)在 0~1550mm 时，适生概率随降水的增加而升高，在 1550~4550mm 时，适生概率随降水的增加而降低；最干月份降水量(Bio14)在 0~39mm 时与松墨天牛的分布呈正相关，在 39~215mm 时与松墨天牛的分布呈负相关；最暖季降水量(Bio18)在 0~511mm 时，适生概率随降水的增加而升高，在 511~2403mm 时，适生概率随降水的增加而降低；海拔(Elev)在 0~81m 时与松墨天牛的分布呈正相关，在 81~3692m 时与松墨天牛的分布呈负相关。如果以逻辑值大于 0.5 为最适生的标准，则松墨天牛的最佳适生条件为平均日温差(Bio2)在 6~9℃，年降水量(Bio12)在 1080~1912mm，最干月份降水量(Bio14)在 21~75mm，最暖季降水量(Bio18)在 444~692mm，海拔(Elev)在 6~269m。

7.3.3.2　云杉花墨天牛主导环境因子分析

通过对云杉花墨天牛环境变量的响应曲线(图 7-11)进行分析可知，温度季节性(Bio4)在 157~893 和 1641~1913 时与云杉花墨天牛的分布呈正相关，在 897~1641 时与云杉花墨天牛的分布呈负相关；最暖月份的最高温度(Bio5)对云杉花墨天牛的分布有正向影响，响应概率随温度的升高而升高，从 -4℃增加到 46℃；最湿月份降水量(Bio13)在 0~123mm 时，适生概率随降水的增加而增加，在 127~1038mm 时，适生概率随降水的增加而降低；降水季节性(Bio15)在 12~103 时与云杉花墨天牛的分布呈正相关，在 107~164 时与云杉花墨天牛的分布呈负相关；海拔(Elev)在 0~189m 时与云杉花墨天牛的分布呈正相关，在189~4005m时与云杉花墨天牛的分布呈负相关。如果以逻辑值大于0.5为最适生的标准，则云杉花墨天牛的最佳适生条件为温度季节性（Bio4）在157~1538和1721~1913，最暖月份的最高温度（Bio5）在25~46℃，最湿月份降水量（Bio13）在94~220mm，降水季节性（Bio15）在90~115，海拔（Elev）在85~580m。

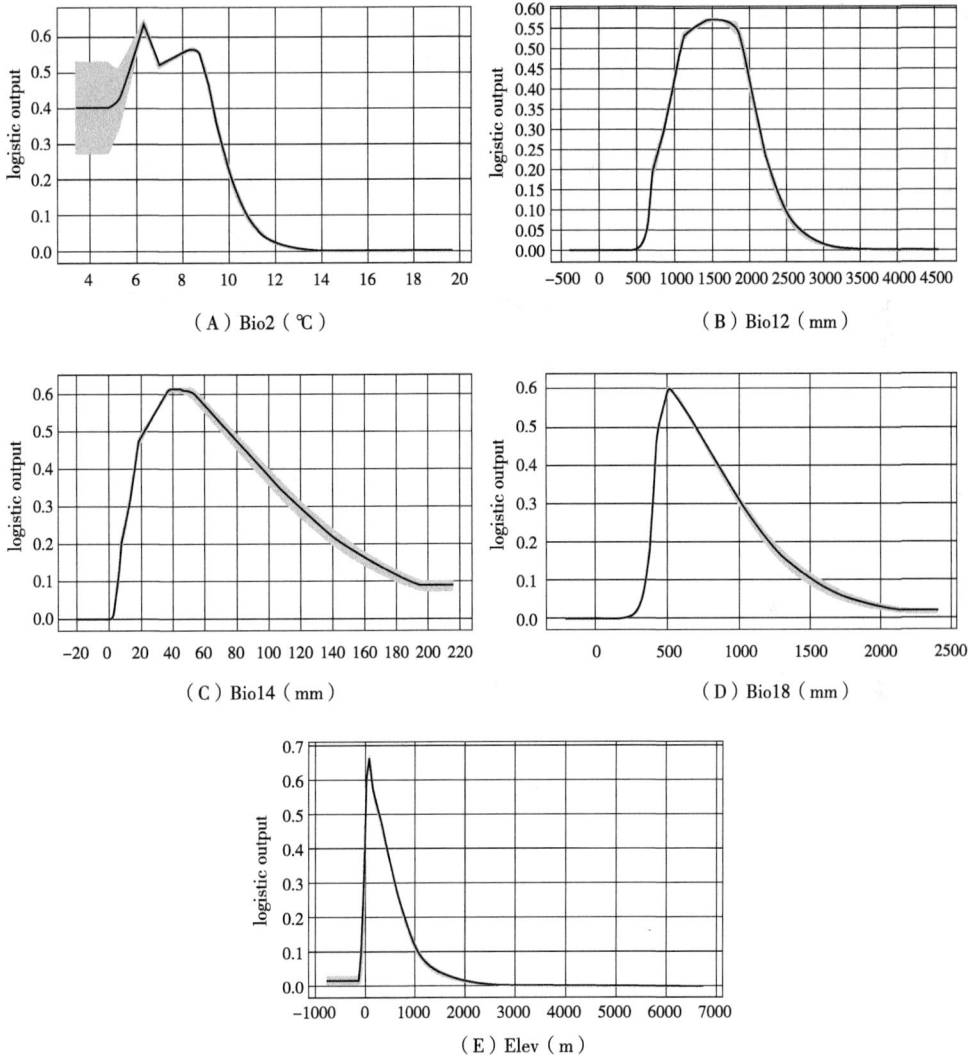

（A）Bio2（℃）　（B）Bio12（mm）　（C）Bio14（mm）　（D）Bio18（mm）　（E）Elev（m）

图7-10　松墨天牛5个主导环境变量的响应曲线

7.3.4　当前气候条件下媒介昆虫潜在适生区预测

7.3.4.1　当前气候条件下松墨天牛在中国的适生区预测

　　基于松墨天牛在我国的的分布利用MaxEnt模型预测其在我国的适生范围，松墨天牛在我国的适生范围比较大，适生区的北界至辽宁省，南界至海南省。当前气候条件下松墨天牛在我国的适生区总面积约为 $201.84×10^4 km^2$，约占我国陆地总面积的五分之一。其中高适生区面积约为 $63.16×10^4 km^2$，占总适生区面积的 31.29%，主要集中于我国的江西省、湖北省、湖南省、广西壮族自治区、广东省、河南省南部、安徽省南部、四川省东部、重庆市西部、浙江省北部和福建省沿海地区，还零星地分散于江苏省、陕西省、上海市和台湾省的部分地区；中适生区面积约为 $70.97×10^4 km^2$，占总适生区面积的 35.16%，主要分布于河南省、上海市、江苏省、安徽省中部、四川省东部、湖北省北部和陕西省南部；低适生区面积约为 $67.71×10^4 km^2$，占总适生区面积的 33.55%，主要分布于山东省、贵州省、辽宁省、海南省、江苏省北部、甘肃省东部、安徽省北部、河南省中部、陕西省南部、福建省中部和湖北省西部。

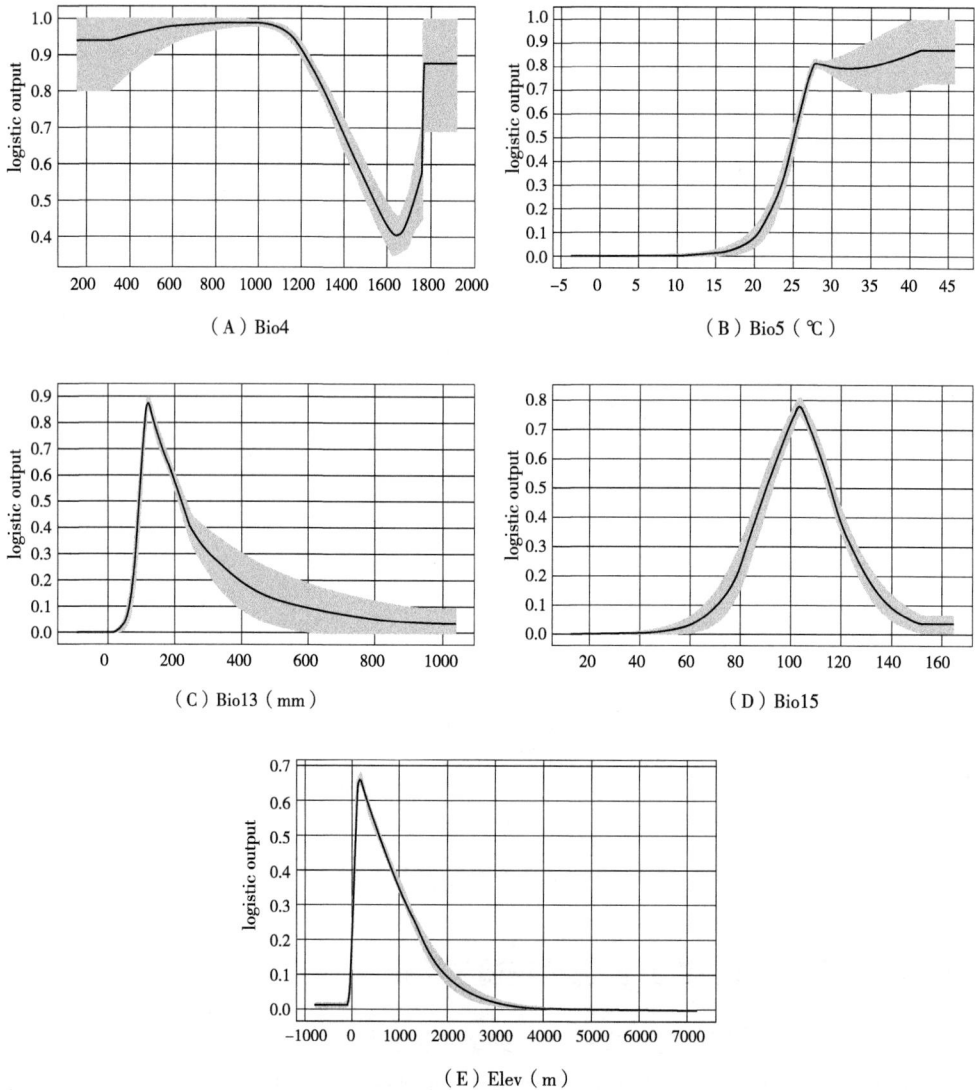

（A）Bio4

（B）Bio5（℃）

（C）Bio13（mm）

（D）Bio15

（E）Elev（m）

图 7-11　云杉花墨天牛 5 个主导环境变量的响应曲线

进一步将松墨天牛适生区与我国七大地理分区进行空间叠加(图7-12),结果发现,松墨天牛在我国华东、华中、西南和华南地区适生区面积相对较大,其面积分别为67.90×10^4km^2、47.82×10^4km^2、38.32×10^4km^2、36.54×10^4km^2,分别占总适生区面积的33.64%、23.69%、18.99%、18.10%;在西北地区,松墨天牛适生区面积约为10.58×10^4km^2,约占总适生区总面积的5.24%;在华北和东北地区,松墨天牛适生区面积相对较小,仅有0.68×10^4km^2的低适生区分布。

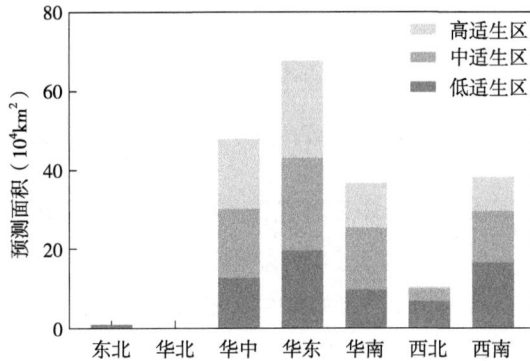

图7-12 当前气候下松墨天牛在我国七大地理分区的潜在分布

7.3.4.2 当前气候条件下云杉花墨天牛在中国的适生区预测

基于云杉花墨天牛在我国的分布利用 MaxEnt 模型预测其在我国的适生范围,在当前的气候条件下,云杉花墨天牛在我国的适生区总面积约为193.59×10^4km^2,约占我国陆地总面积的20.17%。其中高适生区面积约为40.26×10^4km^2,占总适生区面积的20.80%,主要集中于我国的黑龙江省、吉林省、山西省、辽宁省北部和陕西省北部,还零星地分散于河北省、河南省和内蒙古自治区的部分地区;中适生区面积约为60.76×10^4km^2,占总适生区面积的31.39%,主要分布于黑龙江省、内蒙古自治区、山西省、陕西省、吉林省东部和辽宁省中部,在甘肃省、山东省、河南省和河北省也有少量中适生区的分布;低适生区面积约为92.57×10^4km^2,占总适生区面积的47.82%,主要分布于内蒙古自治区、山东省、河北省、黑龙江省东部、吉林省西部、辽宁省南部、北京市北部、河南省北部、甘肃省东部、陕西省中部和山西省部分地区。

进一步将云杉花墨天牛适生区与我国七大地理分区进行空间叠加(图7-13),结果发现,云杉花墨天牛的预测适宜生境主要在我国北纬33°以北,高适生区主要分布在东北和华北地区。在东北地区适生区面积约为87.04×10^4km^2,约占我国适生区总面积的44.96%;在华北地区适生区面积约为73.15×10^4km^2,约占我国适生区总面积的37.79%;在华中地区适生区面积约为8.21×10^4km^2,约占我国适生区总面积的4.24%;在华东地区适生区面积约为8.41×10^4km^2,约占我国适生区总面积的4.34%;在西北地区适生区面积约为16.38×10^4km^2,约占我国适生区总面积的8.46%;在西南和西北地区几乎没有云杉花墨天牛的适生区分布。

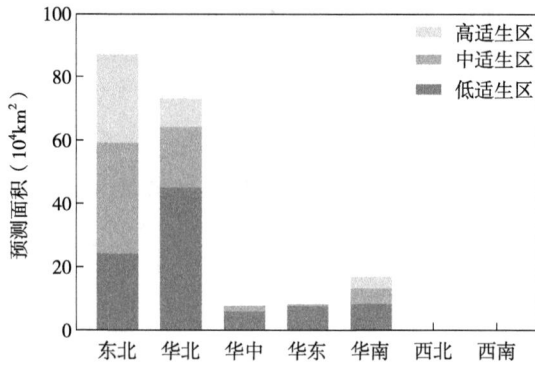

图 7-13　当前气候条件下云杉花墨天牛在我国七大地理分区的潜在分布

7.3.4.3　当前气候条件下松墨天牛和云杉花墨天牛在中国的共同适生区预测

在当前的气候条件下，松墨天牛和云杉花墨天牛在我国的共同适生区总面积约为 $15.39 \times 10^4 km^2$，约占我国陆地总面积的 1.60%，主要分布在陕西省、河南省、山东省和辽宁省，其中在陕西省的适生区总面积约为 $2.00 \times 10^4 km^2$，约占适生区总面积的 13.00%；在河南省的适生区面积约为 $4.68 \times 10^4 km^2$，约占适生区总面积的 30.41%；在山东省的适生区面积约为 $7.02 \times 10^4 km^2$，约占适生区总面积的 45.61%；在辽宁省的适生区面积约为 $0.67 \times 10^4 km^2$，约占适生区总面积的 4.35%。

表 7-5　当前气候条件下松墨天牛和云杉花墨天牛的共同适生区在我国的分布面积

单位：$\times 10^4 km^2$

省份	适生区面积	占比（%）	省份	适生区面积	占比（%）
山东省	7.02	45.61	甘肃省	0.40	2.60
河南省	4.68	30.41	浙江省	0.06	0.39
陕西省	2.00	13.00	安徽省	0.02	0.13
辽宁省	0.67	4.35	上海市	0.01	0.06
江苏省	0.52	3.38	山西省	0.01	0.06

7.3.5　未来气候条件下媒介昆虫潜在适生区预测

7.3.5.1　未来气候条件下松墨天牛在中国的适生区预测

在未来气候条件下利用 MaxEnt 模型预测松墨天牛我国的适生区，与当前气候条件下的预测结果相比，松墨天牛的适生区有向北扩散的趋势。当前气候条件下预测的松墨天牛适生区总面积为 $201.84 \times 10^4 km^2$，未来不同气候条件下适生区总面积总体保持上升的趋势。在 SSP126 气候情景下，2050 年松墨天牛在中国的适生区总面积为 $212.74 \times 10^4 km^2$，相较于当前增加了 $10.9 \times 10^4 km^2$；2100 年的适生区总面积为 $211.45 \times 10^4 km^2$，相较于当前

增加了 $9.61×10^4 km^2$。在 SSP585 气候情景下，2050 年松墨天牛在中国的适生区总面积为 $211.76×10^4 km^2$，相较于当前增加了 $9.92×10^4 km^2$；2100 年的适生区总面积为 $211.08×10^4 km^2$，相较于当前将增加 $9.24×10^4 km^2$。

在 SSP126 气候情景下，2050 年松墨天牛高适生区面积将约为 $74.62×10^4 km^2$，相较于当前增加了 18.14%，中适生区面积将约为 $72.58×10^4 km^2$，相较于当前增加了 2.27%，低适生区面积约为 $65.54×10^4 km^2$，相较于当前降低了 3.20%；2100 年松墨天牛高适生区面积将约为 $75.23×10^4 km^2$，相较于当前增加了 19.11%，中适生区面积将约为 $70.68×10^4 km^2$，相较于当前降低了 0.41%，低适生区面积将约为 $65.54×10^4 km^2$，相较于当前降低了 3.20%。

在 SSP585 气候情景下，2050 年松墨天牛高适生区面积约为 $75.50×10^4 km^2$，相较于当前增加了 19.54%，中适生区面积约为 $71.31×10^4 km^2$，相较于当前增加了 0.48%，低适生区面积约为 $64.95×10^4 km^2$，相较于当前降低了 4.08%；2100 年松墨天牛高适生区面积约为 $72.91×10^4 km^2$，相较于当前增加了 15.44%，中适生区面积约为 $74.65×10^4 km^2$，相较于当前将增加 5.19%，低适生区面积约为 $63.52×10^4 km^2$，相较于当前将降低 6.19%。SSP585 气候情景与 SSP126 气候情景下松墨天牛在中国潜在适生区的面积变化大致相似，均为高适生区面积增加，低适生区面积降低。

表 7-6 当前与未来两种胁迫下松墨天牛的适生区面积　　　单位：$×10^4 km^2$

情景	年份	适生区类型		
		高适生区	中适生区	低适生区
当前		63.16	70.97	67.71
SSP126	2050 年	74.62(18.14%)	72.58(2.27%)	65.54(-3.20%)
	2100 年	75.23(19.11%)	70.68(-0.41%)	65.54(-3.20%)
SSP585	2050 年	75.50(19.54%)	71.31(0.48%)	64.95(-4.08%)
	2100 年	72.91(15.44%)	74.65(5.19%)	63.52(-6.19%)

进一步将未来气候条件下松墨天牛的潜在适生区与我国七大地理分区进行空间叠加（图 7-14），结果发现，在东北地区，松墨天牛的低适生区面积呈现增加的趋势，在 2100 年 SSP126 情景下增加得最多，相较于当前增加了 113%；在华中地区，中高适生区面积呈现增加的趋势，低适生区面积呈现降低的趋势；在华东地区，高适生区面积呈现增加的趋势，中适生区面积在 2050 年 SSP126 情景下和 2100 年 SSP585 情景下增加，在 2100 年 SP126 情景下和 2050 年 SSP585 情景下减少，低适生区面积总体均有所下降；在华南地区，高适生区面积增加，中低适生区面积减小；在西北地区，低中适生区面积增加，高适生区面积减小，但是在 2100 年 SSP585 情景下高适生区面积有小幅度增加，相较于当前增加了 $0.11×10^4 km^2$；在西南地区，低中高适生区面积增加，但在 2100 年 SSP126 和 SSP585 情景下面积均有小幅度下降，相较于当前分别降低了 $0.59×10^4 km^2$ 和 $0.10×10^4 km^2$。

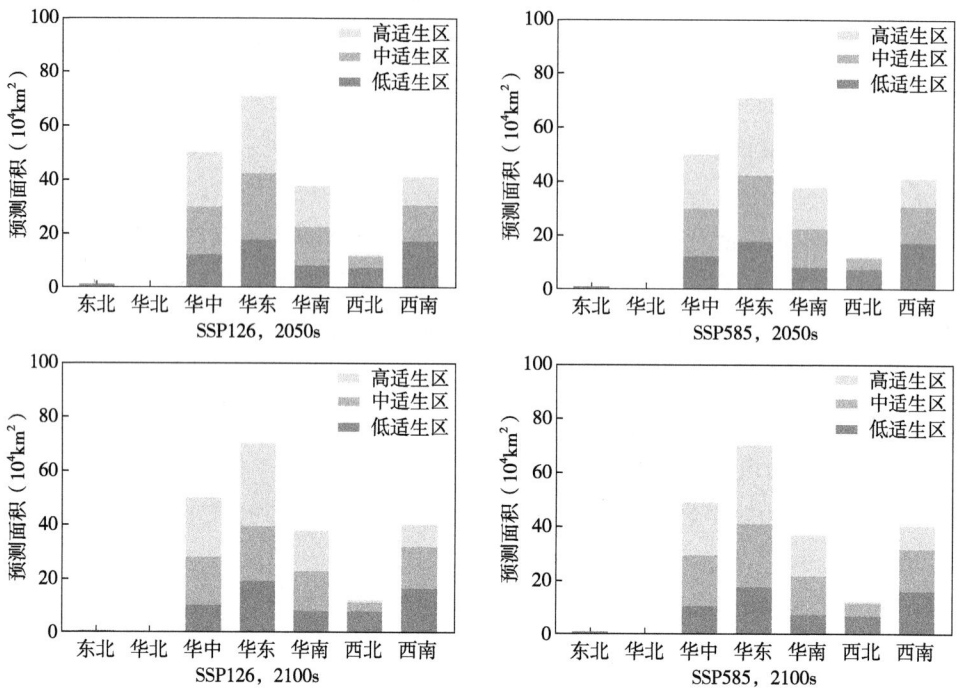

图7-14　SSP126和SSP585气候情景下松墨天牛在我国七大地理分区的潜在分布

7.3.5.2　未来气候条件下云杉花墨天牛在中国的适生区预测

在未来气候条件下利用MaxEnt模型预测云杉花墨天牛在我国的适生区，与当前气候条件下的预测结果相比，云杉花墨天牛的适生区有向南、向西扩散的趋势。当前气候条件下预测的云杉花墨天牛适生区总面积为$193.59×10^4km^2$，未来不同气候条件下适生区总面积总体保持上升的趋势。

在SSP126情景下，2050年云杉花墨天牛在我国的适生区总面积为$216.1×10^4km^2$，约占我国陆地总面积的22.51%，其中高中低适生区面积分别为$54.6×10^4km^2$、$70.73×10^4km^2$、$90.77×10^4km^2$，分别占适生区总面积的25.27%、32.73%、42.00%，相较于当前，高、中适生区分别增加了35.62%和16.41%，低适生区减少了1.94%；2100年云杉花墨天牛在我国的适生区总面积为$218.78×10^4km^2$，约占我国陆地总面积的22.79%，其中高中低适生区面积分别为$58.12×10^4km^2$、$73.22×10^4km^2$、$87.44×10^4km^2$，分别占适生区总面积的26.57%、33.47%、39.97%，相较于当前，高、中适生区分别增加了44.36%和20.51%，低适生区减少了5.54%。

在SSP585情景下，2050年云杉花墨天牛在我国的适生区总面积为$221.58×10^4km^2$，约占我国陆地总面积的23.08%，其中高中低适生区面积分别为$58.14×10^4km^2$、$77.79×10^4km^2$、$85.65×10^4km^2$，分别占适生区总面积的26.24%、35.11%、38.65%，相较于当前，高、中适生区分别增加了44.41%和28.03%，低适生区减少了7.48%；2100年云杉花墨天牛在我国的适生区总面积将为$216.6×10^4km^2$，约占我国陆地总面积的22.56%，其中高中低适生区面积分别为 $58.12 \times 10^4 km^2$、$71.39 \times 10^4 km^2$、$87.09 \times 10^4 km^2$，分别占适生区总面积的 26.83%、32.96%、40.21%，相较于当前，高、中适生区分别增加了 44.36% 和 17.50%，低适生区减少了 5.92%。

表 7-7　当前与未来两种胁迫下云杉花墨天牛的适生区面积　　单位：$\times 10^4 km^2$

情景	年份	适生区类型		
		高适生区	中适生区	低适生区
当前		40.26	60.76	92.57
SSP126	2050 年	54.6(35.62%)	70.73(16.41%)	90.77(−1.94%)
	2100 年	58.12(44.36%)	73.22(20.51%)	87.44(−5.54%)
SSP585	2050 年	58.14(44.41%)	77.79(28.03%)	85.65(−7.48%)
	2100 年	58.12(44.36%)	71.39(17.50%)	87.09(−5.92%)

进一步将未来气候条件下云杉花墨天牛的潜在适生区与我国七大地理分区进行空间叠加（图 7-15），结果发现，云杉花墨天牛在东北地区的高适生区面积呈现增加的趋势，中低适生区面积总体则呈现减小的趋势，但是在 2050 年 SSP585 的气候情景下，云杉花墨天牛在东北地区的中适生区面积增加了 3.94%；云杉花墨天牛在华北地区的中高适生区面积呈现增加的趋势，低适生区面积呈现减小的趋势；云杉花墨天牛在华中地区的低中高适生区面积均呈现增加的趋势；在华东地区，云杉花墨天牛的低中高适生区面积呈现增加的趋势；在华南地区，云杉花墨天牛的低中高适生区面积均呈现增加的趋势，增加幅度最大的是在 2050 年 SSP585 气候情景下的中适生区面积，增加了 50.31%。

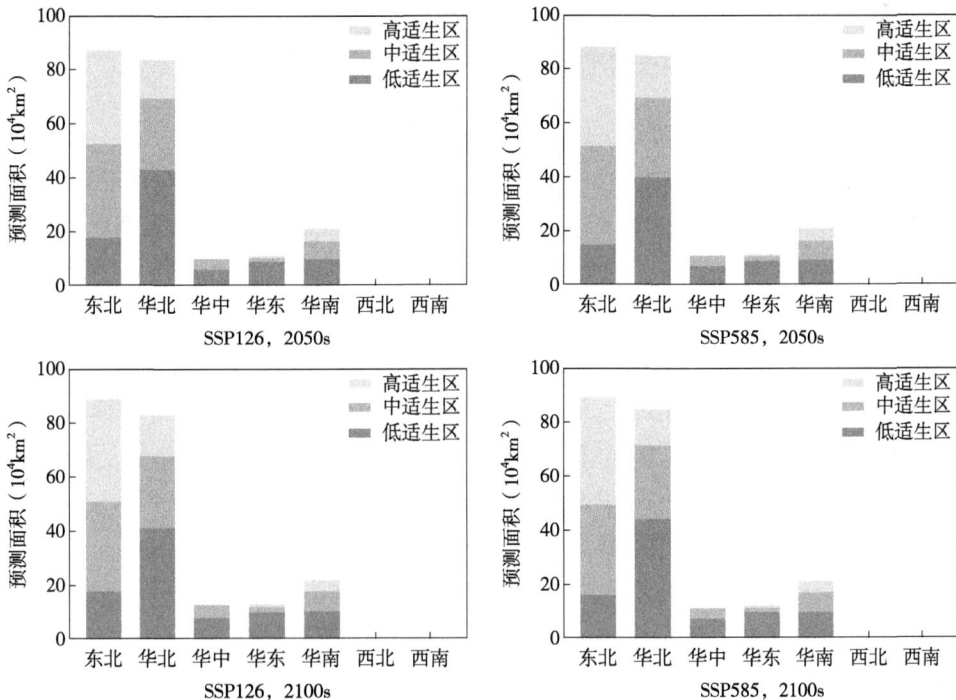

图 7-15　SSP126 和 SSP585 气候情景下云杉花墨天牛在我国七大地理分区的潜在分布

7.3.5.3 未来气候条件下松墨天牛和云杉花墨天牛在中国的共同适生区预测

在未来不同的气候情景下，松墨天牛和云杉花墨天牛的共同适生区面积均有不同程度的增加。在SSP126情景下，2050年松墨天牛和云杉花墨天牛在我国的共同适生区面积约为$26.40×10^4km^2$，约占我国陆地总面积的2.75%，相较于当前增加了71.54%；2100年松墨天牛和云杉花墨天牛在我国的共同适生区面积约为$29.91×10^4km^2$，约占我国陆地总面积的3.12%，相较于当前增加了94.35%。在SSP585情景下，2050年松墨天牛和云杉花墨天牛在我国的共同适生区面积约为$28.64×10^4km^2$，约占我国陆地总面积的2.98%，相较于当前增加了86.09%；2100年松墨天牛和云杉花墨天牛在我国的共同适生区面积将约为$26.44×10^4km^2$，约占我国陆地总面积的2.75%，相较于当前增加了71.80%。

表7-8 当前与未来两种胁迫下松墨天牛和云杉花墨天牛的共同适生区面积

单位：$×10^4km^2$

情景	年份	共同适生区面积
当前		15.39
SSP126	2050年	26.40(71.54%)
	2100年	29.91(94.35%)
SSP585	2050年	28.64(86.09%)
	2100年	26.44(71.80%)

7.3.6 松材线虫病媒介昆虫中国潜在适生区空间格局变化

7.3.6.1 松墨天牛在中国潜在适生区空间格局变化

为了有效地对松墨天牛进行防控，本研究对松墨天牛在中国新增和减少的适生区进行了分析。在SSP126情景下，2050年松墨天牛在我国新增的适生区主要分布于辽宁省、陕西省、甘肃省、山东省、河南省、海南省、广西壮族自治区和西藏自治区，在湖北省、重庆市、湖南省、江西省、福建省、浙江省、广东省、安徽省、云南省、贵州省和四川省也有少量的新增适生区分布，减少的适生区零星地分布于山东省、辽宁省和陕西省；2100年新增的适生区与2050年大体相似，减少的适生区零星分布于陕西省和四川省。在SSP585情景的不同年份下，松墨天牛在我国新增适生区与SSP126情景下大体相似，但在2050年没有减少的适生区，在2100年减少的适生区主要分布于海南省。

7.3.6.2 云杉花墨天牛在中国潜在适生区空间格局变化

对云杉花墨天牛在中国新增和减少的适生区进行分析，结果显示，云杉花墨天牛在未来不同气候情景和不同年份下均没有减少的适生区，新增的适生区主要分布于内蒙古自治区、辽宁省、河北省、北京市、河南省、山东省、陕西省、安徽省、江苏省、甘肃省，在山西省、吉林省、黑龙江省、浙江省和宁夏回族自治区也有部分新增适生区。

7.3.7 气候变化下松材线虫病媒介昆虫适生区质心变化

7.3.7.1 气候变化下松墨天牛适生区质心变化

如图 7-16 所示，在当前气候情景下，松墨天牛的质心坐标为 112.5927°E，28.0118°N，位于湖南省长沙市。在 SSP126 情景下，2050 年质心迁移至 109.9936°E，28.0980°N，位于湖南省湘西土家族苗族自治州，相较于当前质心向西迁移 255km；2100 年质心迁移至 111.2817°E，28.2470°N，位于湖南省益阳市，在 2050 年质心的基础上向东北迁移 127km。在 SSP585 情景下，2050 年质心迁移至 110.4533°E，27.9062°N，位于湖南省怀化市，相较于当前质心向西南迁移 209km；2100 年质心迁移至 110.2941°E，27.9921°N，位于湖南省怀化市，在 2050 年质心的基础上向西北迁移 18km。

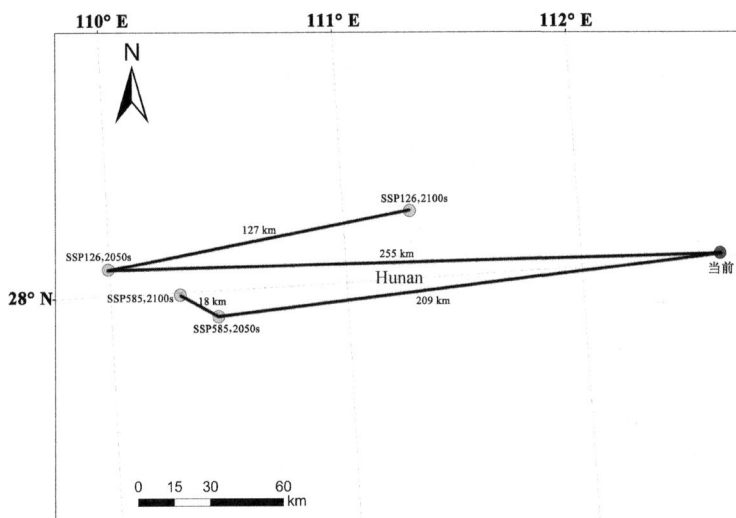

图 7-16 当前与未来气候情景变化下松墨天牛适生区的质心变化

7.3.7.2 气候变化下云杉花墨天牛适生区质心变化

如图 7-17 所示，在当前气候情景下，云杉花墨天牛的质心坐标为 120.7982°E，42.6050°N，位于内蒙古自治区通辽市。在 SSP126 情景下，2050 年质心迁移至 120.4956°E，42.3229°N，位于内蒙古自治区赤峰市，相较于当前质心向西南迁移 40km；2100 年质心迁移至 119.1912°E，42.2487°N，位于内蒙古自治区赤峰市，在 2050 年质心的基础上向西南迁移 106km。在 SSP585 情景下，2050 年质心迁移至 119.8240°E，42.2598°N，位于内蒙古自治区赤峰市，相较于当前质心向西南迁移 88km；2100 年质心迁移至 120.5696°E，42.6675°N，位于内蒙古自治区通辽市，在 2050 年质心的基础上向东北迁移 76km。

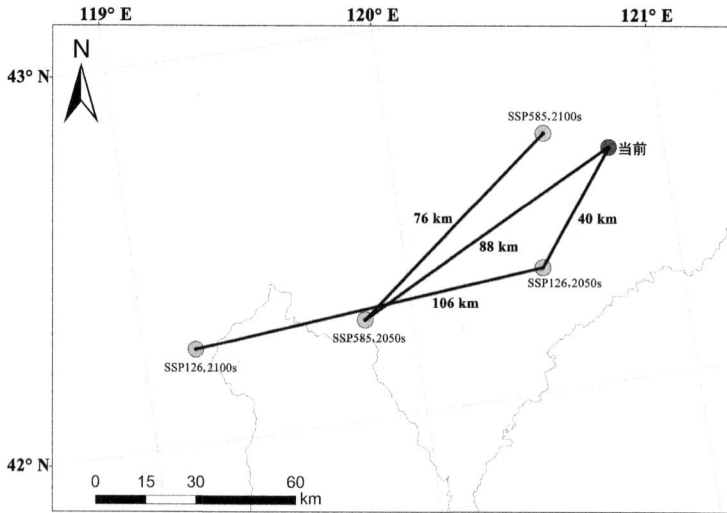

图 7-17　当前与未来气候情景变化下云杉花墨天牛适生区的质心变化

7.3.8　松材线虫病媒介昆虫适生概率分析

7.3.8.1　松墨天牛潜在适生区适生概率分析

在当前以及未来不同气候情景下，松墨天牛适生概率变化趋势相似，总体呈现先升高后降低的趋势(图 7-18)。在当前气候下，松墨天牛适生区的发生范围为 18°~40°N，其中在 22°~31°N 的适生概率高于其他纬度梯度。在 2050 年和 2100 年的 SSP126 和 SSP585 情景下，松墨天牛的适生概率随纬度的增加都有上升趋势，其适生区的发生范围也扩大到了 18°~42°N，松墨天牛在 28°~31°N 的适生概率高于其他纬度梯度。

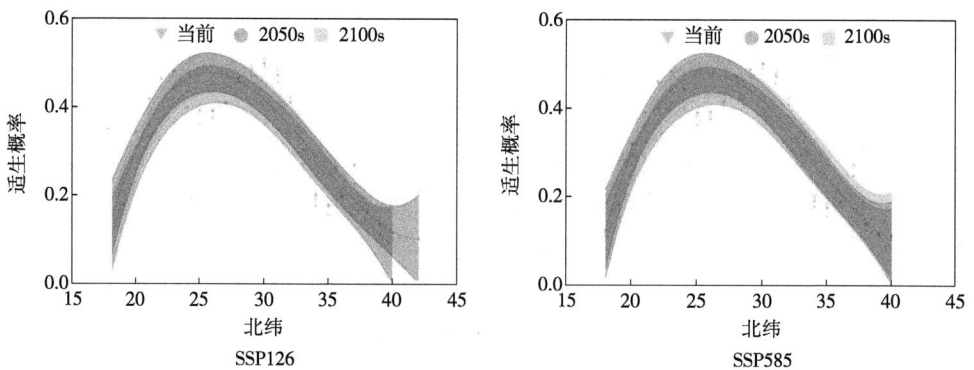

图 7-18　基于纬度梯度的松墨天牛在不同气候情景下适生概率变化趋势

7.3.8.2　云杉花墨天牛潜在适生区适生概率分析

在当前以及未来不同气候情景下，云杉花墨天牛适生概率变化趋势相似，总体呈现先升高后降低的趋势(图 7-19)。在当前气候下，云杉花墨天牛适生区的发生范围为 27°~

53°N，其中在 40°~50°N 的适生概率高于其他纬度梯度。在 2050 年和 2100 年的 SSP126 和 SSP585 情景下，云杉花墨天牛的适生概率随纬度的增加都有上升趋势，其适生区的发生范围也扩大到了 23°~53°N，云杉花墨天牛在 35°~40°N 的适生概率高于其他纬度梯度。

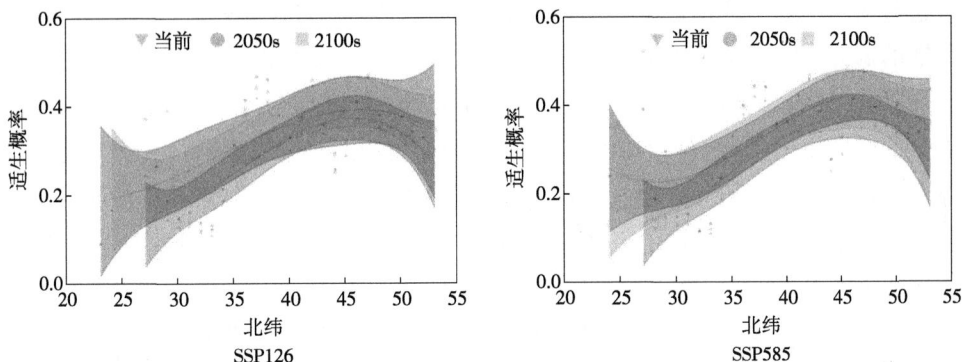

图 7-19 基于纬度梯度的云杉花墨天牛在不同气候情景下适生概率变化趋势

7.4 小结与讨论

MaxEnt 模型是一种广泛应用于预测目标物种地理空间分布的物种分布模型，利用物种发生的准确地理位置和相关的生物环境变量，可以估算出特定区域内环境约束下物种的分布情况。然而使用 MaxEnt 模型的默认参数可能会导致模型过度拟合，因此在本次研究中，我们使用 R 语言中的"ENMeval"数据包对 MaxEnt 模型进行优化，并计算了 ΔAICc 值、OR_{10} 和 OR_{MTP} 等多个指标，结果发现默认设置参数的 ΔAICc 值大于 2，而当 ΔAICc 值大于 2 时，说明构建的模型不是最优模型（朱耿平等，2016；Robert et al.，2011），而将松墨天牛参数设置为 RM = 1.5，FC 选取 LQHP 和云杉花墨天牛参数设置为 RM = 1.5，FC 选取 LQHP 时，模型的拟合度和复杂度均是最低的，所以选择了以上参数组合进行模型的构建，基于其所构建的模型能更加准确地预测松墨天牛和云杉花墨天牛在我国的适生区。

在利用 MaxEnt 模型对某一物种进行适生区预测时，使用的环境因子一般为 World Clim 中的 19 个生物气候变量，本文将风速和海拔也考虑了进去，但是不同变量之间存在着一定的相关性，会使模型变得不稳定（李世成等，2020），所以在建模前要对环境变量进行筛选，从而降低模型的过度拟合程度，使模型简易化。已有研究表明，温度和降水是影响昆虫分布的主要环境因子（Rutherford et al.，1990），这与本次研究得到的结果相符。在本次研究中，我们分析了每个环境变量的贡献率，并针对松墨天牛和云杉花墨天牛分别筛选出了 9 个和 8 个环境变量进行 Jackknife 分析，结果发现影响松墨天牛潜在分布的温度因子主要有 Bio2，降水因子主要有 Bio12、Bio14 和 Bio18；影响云杉花墨天牛潜在分布的温度因子主要有 Bio4 和 Bio5，降水因子主要有 Bio13 和 Bio15；海拔（Elev）对松墨天牛和云杉花墨天牛的潜在分布均有较大的影响。

针对松墨天牛适生区的预测结果显示，在当前气候条件下，松墨天牛在我国的适生区范围比较广泛，北至辽宁省，南至海南省，广东、广西、湖南、湖北、重庆、安徽、江西、江苏、河南、浙江、上海等南部诸省(市)成为松墨天牛的中高度适生区，而在我国北方地区松墨天牛的适生区却很少，究其原因可能是-10℃的等温线是松墨天牛分布的北限，冬季长期的低温胁迫或瞬时极端低温会显著降低松墨天牛幼虫的存活率(Ma et al.，2006；李慧，2021)。已有研究发现，由于长时间的低温胁迫，黑龙江省和吉林省的北部地区为松墨天牛的非适生区(时鹏等，2019)，但本次研究模型预测结果显示，在未来的气候情景下，黑龙江省和吉林省的北部地区都会出现松墨天牛的适生区。也有研究发现，随着未来气候的变暖，松墨天牛的低适生区和高适生区的面积占比逐渐下降，中适生区和易适生区面积占比逐渐上升(徐瑞钧等，2020)；本研究则表现出了相反的变化，其中高适生区面积占比升高，中适生区和低适生区面积占比降低。值得注意的是，在本研究中，广东省、广西壮族自治区以及福建省大部分地区为松墨天牛的适生区，但海南省的南部和台湾省的大部分地区均为松墨天牛的非适生区，理论上这几个地区的气候相似，但是预测结果却有较大差异。从上述不同分布点主要环境变量数据的提取结果来看，这些地区具有明显的环境异质性差异，而环境异质性能够显著影响物种的空间分布(沈梦伟等，2016；杨贵军等，2019；Martins et al.，2022)。另外，松墨天牛在西藏自治区的适生区尤为特殊，主要集中在藏南地区，这一部分地区由于同时存在高原气候、亚热带季风气候和热带季风气候这3种气候，加上其地处边境，与不丹和印度接壤，导致藏南地区外来物种入侵严重，在未来，松墨天牛有跨国入侵的风险，该地森防部门应在这里加大监测力度，阻止松墨天牛跨国进入藏南地区，并防止由藏南地区入侵我国西南和华南地区(曾权等，2023)。

针对云杉花墨天牛的预测结果显示，在当前气候条件下，云杉花墨天牛在我国的适生区主要在33°N以北，比较大的适生区主要分布在我国东北和华北地区。此外，在云杉花墨天牛实际分布较多的山西省、黑龙江省、吉林省、辽宁省、内蒙古自治区等地，未来气候条件下云杉花墨天牛的适生区还将进一步扩大。值得关注的是，在甘肃省东部、陕西省东北部、河南省北部和山东省东南部等地均有云杉花墨天牛的高中适生区，但是目前这些地区几乎没有云杉花墨天牛的实际分布。因此，当地林业部门应加大监测力度，防止该甲虫的入侵。结果还表明，在我国西南和华南地区几乎没有云杉花墨天牛适生区的分布，但是该虫在未来仍有可能会出现在这些地区。

MaxEnt模型预测得到的适生区通常只能代表与当前分布区具有相似环境条件的地区，与实际的分布区可能具有一定的差异。此外，在环境变量的选取上，本研究只选取了19个生物气候变量、海拔和风速等因子，而影响生物适生区分布的因素除了气候因素等非生物因素外，还有一些生物因素，如天敌和人类活动等(Heikkinen et al.，2006；Takahashi et al.，2020；Choi et al.，2017)。以往的研究表明，有效控制松墨天牛和云杉花墨天牛等媒介昆虫是预防松材线虫病发生的有效措施之一，特别是在山西省、内蒙古自治区和黑龙江省等地，虽有媒介昆虫的分布，却没有松材线虫病的发生，因此在以上地区应格外注意对松墨天牛和云杉花墨天牛的监测，以防止松材线虫病的发生。此外，松墨天牛和云杉花墨天牛的寄主植物广泛地存在于我国各个省份，因此在没有这两种甲虫发生危害但有其寄主树种分布的省份应格外注意其的传入危害(王玲萍，2004；王曦苗等，2018)。未来研究松墨天牛和云杉花墨天牛的适生区时，可以将生物因素与非生物因素均纳入模型，以便得到更为精确的研究结果。

8 基于媒介昆虫介导的松材线虫病 在中国的适生区分析

8.1 引言

松材线虫引起的松材线虫病（PWD）是世界范围内一种林木毁灭性病害，可造成松林的大面积死亡（Dropkin et al.，1981；Mamiya，1983；叶建仁和吴小琴，2022）。松材线虫具有很强的致病性，可导致寄主树种迅速死亡（Zhao et al.，2008）。在中国，PWD最早于1982年在南京的中山陵被发现，之后迅速传播到周边地区（程瑚瑞等，1983；Zhao et al.，2008；叶建仁，2019）。在2016年之前，PWD造成的破坏主要发生在黄河以南的华中、华南和华东地区，其分布北界为山东省南部。然而，近年来，PWD在中国迅速暴发，其地理分布已经开始向中国东北和西北延伸（叶建仁，2019；于海英和吴昊，2018；Li et al.，2020；Pan et al.，2021；叶建仁和吴小琴，2022；Xu et al.，2023b）。比如2009年在陕西省和2021年在甘肃省（西北地区），2016年在辽宁省和2021年在吉林省（东北地区），2018年在天津市（华北）都首次发现了PWD。在这些新入侵地区，年平均气温通常约为5℃甚至更低，最低气温甚至达到-30℃。因此，年平均气温为10℃等温线目前似乎并不能充分解释PWD在中国的地理分布（叶建仁和吴小琴，2022；Xu et al.，2023b）。

松材线虫的自然传播主要依赖于在健康寄主植物和受感染寄主植物之间传播的媒介昆虫。在我国，在自然条件下，松墨天牛和云杉花墨天牛是最重要的已被确认的松材线虫的媒介昆虫（Mamiya，1983；杨宝君，2003；Zhao et al.，2008；于海英和吴昊，2018；Li et al.，2021a；叶建仁和吴小琴，2022；Xu et al.，2023b）。在2016年之前，松墨天牛是唯一的媒介昆虫；然而，近年来云杉花墨天牛在辽宁省和吉林省先后被确定为松材线虫的新媒介昆虫（于海英和吴昊，2018；Li et al.，2020；Ge et al.，2021；Li et al.，2021a；Gao et al.，2023）。当媒介昆虫在健康的寄主植物上觅食或产卵时，松材线虫由此进入寄主植物的木质部并大量繁殖，从而在植物中持续造成损害，导致树脂道堵塞（Zhao et al.，2008；Yoon et al.，2023），受感染的寄主植物出现黄褐色或红棕色的针叶，随后针叶枯萎，最终导致植物死亡（Dropkin et al.，1981；Mamiya，1983；Zhao et al., 2008)。因此，有效控制媒介昆虫是控制松材线虫病的一种极其重要的方法，也能有效阻断松材线虫的自然传播。

鉴于近年来松材线虫病在我国进一步扩散以及云杉花墨天牛被认定为新的媒介昆虫，因此在预测和分析中国松材线虫病的地理分布时，需要考虑以下两个紧迫的问题：第一，以前的大多数研究都是基于松材线虫病发生点和生物气候变量的数据来预测适宜的分布，往往忽视了媒介昆虫的贡献；第二，新确定的媒介云杉花墨天牛将不可避免地改变松材线虫病的空间分布。据此，本章进行了基于媒介昆虫介导的松材线虫病在中国的适生区的预测和分析。

8.2 材料与方法

8.2.1 物种分布数据

松材线虫病在我国的分布数据主要通过查询国家林业和草原局官方网站公布的最新公告来获取，根据 2023 年第 7 号公告，目前松材线虫病分布于我国 19 个省 701 个县级行政区内。此外，考虑距离过近可能会因空间自相关性较大影响模型模拟准确度，我们将获取到的分布点数据导入 ArcGIS 10.7 软件，使用软件的缓冲区分析功能对分布点进行稀疏处理，从而确保在 5km×5km 范围内只有 1 个分布点，最后共保留了 694 个松材线虫病的分布数据用于模型的运行和验证。

8.2.2 环境变量

本研究选取生物气候、风速、海拔和人为干扰因子等共 34 个变量用于研究松材线虫病在中国的适生区(表 8-1)。人为干扰因子包括到道路和居民点的距离，依据全国主要道路和居民点矢量数据，利用 ArcGIS 10.7 的距离分析功能分别生成到道路和居民点距离的栅格数据。以上数据来源于世界气候数据库(WorldClim, https://www.worldclim.org/)，该数据库收集了 1970—2000 年全球各地气象站的月气象数据，插值生成全球气候变量栅格数据，分辨率为 5 弧分。未来气候数据包括生物气候变量、月平均最低温度、月平均最高温度和月总降水量 4 种，选择第六次国际耦合模式比较计划(CMIP6)中的北京气候中心气候系统模式的中等分辨率气候系统模式(BCC-CSM2-MR)，模拟未来两个时间段气候变化，使用 2040—2060 年的数据模拟 2050 年，使用 2080—2100 年的数据模拟 2100 年。依据共享社会经济路径(shared socio-economic pathways, SSPs)，本次研究选择两种温室气体排放情景，即低等辐射强迫的情景(SSP126, 2.6W·m^{-2})和高等辐射强迫的情景(SSP585, 8.5W·m^{-2})。

表 8-1　松材线虫病 MaxEnt 模型建模所用环境变量描述

类型	变量	描述	单位
生物气候变量	Bio1	年均温	℃
	Bio2	平均日温差	℃
	Bio3	等温性	—
	Bio4	温度季节性	—
	Bio5	最暖月份的最高温度	℃
	Bio6	最冷月份的最低温度	℃
	Bio7	年温差	℃
	Bio8	最湿季平均温度	℃
	Bio9	最干季平均温度	℃
	Bio10	最暖季平均气温	℃
	Bio11	最冷季平均气温	℃
	Bio12	年降水量	mm
	Bio13	最湿月份降水量	mm
	Bio14	最干月份降水量	mm
	Bio15	降水季节性	—
	Bio16	最湿季降水量	mm
	Bio17	最干季降水量	mm
	Bio18	最暖季降水量	mm
	Bio19	最冷季降水量	mm
风速	Wind-01	1 月平均风速	$m \cdot s^{-1}$
	Wind-02	2 月平均风速	$m \cdot s^{-1}$
	Wind-03	3 月平均风速	$m \cdot s^{-1}$
	Wind-04	4 月平均风速	$m \cdot s^{-1}$
	Wind-05	5 月平均风速	$m \cdot s^{-1}$
	Wind-06	6 月平均风速	$m \cdot s^{-1}$
	Wind-07	7 月平均风速	$m \cdot s^{-1}$
	Wind-08	8 月平均风速	$m \cdot s^{-1}$
	Wind-09	9 月平均风速	$m \cdot s^{-1}$
	Wind-10	10 月平均风速	$m \cdot s^{-1}$
	Wind-11	11 月平均风速	$m \cdot s^{-1}$
	Wind-12	12 月平均风速	$m \cdot s^{-1}$
海拔	Elev	海拔	m
人为干扰因子	DR	距离道路的距离	m
	DV	距离居民点的距离	m

8.2.3 环境变量的筛选

为了避免提取的环境变量之间多个线性重复带来的自相关影响,避免造成 MaxEnt 模型的过度拟合,因此我们对环境变量进行了筛选和去除,以减少冗余信息对模拟结果产生的影响。首先将下载好的栅格数据导入 ArcGIS 中,利用软件自带的转换工具中"栅格转 ASCⅡ",将栅格数据转化为 ASCⅡ格式(.asc)以备后用;接着将处理好的分布记录导入 ArcGIS 软件中,并为其固定地理坐标系(GCS_WGS_1984),随后将分布记录转换成 Shapefile 格式(.shp);之后利用 ArcGIS 软件 Spatial Analyst 工具中"提取分析–采样"功能,将松材线虫病的分布记录与环境变量所对应的信息进行提取;然后在 SPSS 22.0 软件中使用皮尔逊相关性分析数据(图 8-1),为了提高模型模拟的精度,去除相关性大于 0.8 的变量中贡献率较低的变量,最终选取 12 个变量预测松材线虫病的适生区。

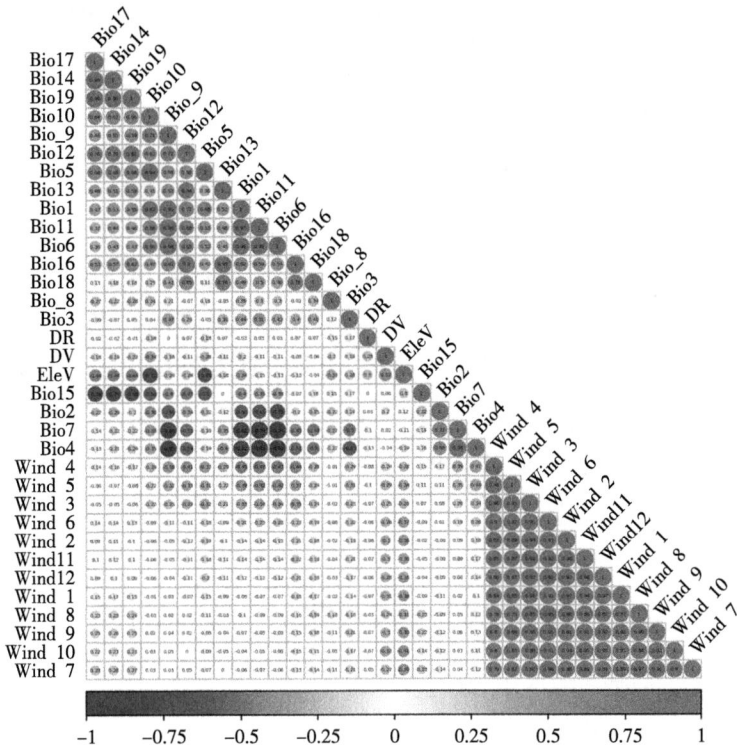

图 8-1 松材线虫环境变量的皮尔逊相关分析和相关系数
红色表示正相关,蓝色表示负相关。圆圈的大小表示相关性的强弱

8.2.4 模型参数优化

研究表明使用 MaxEnt 模型的默认参数会造成模型的过度拟合,使结果的准确性降低,因此我们使用 R 软件中的"ENMeval"数据包,对模型的调控倍频(regularization multiplier,

RM)和特征组合(feature combination，FC)进行优化，以期选择最优组合进行建模。MaxEnt模型共包括 L(linear)、Q(quadratic)、H(hinge)、P(product)和 T(threshold)等五种特征，本研究中采用的特征组合为：L、LQ、H、LQH、LQHP 和 LQHPT；以及 8 种调控倍频：0.5、1、1.5、2、2.5、3、3.5 和 4。运用 AICc 值、10%训练遗漏率(OR_{10})和"最小训练集"遗漏率(OR_{MTP})来评估不同参数组合的拟合度和复杂度，选择出最优的参数组合进行建模。通常来说，具有最低的 ΔAICc 值的参数组合为构建模型的最佳参数。

8.2.5 模型构建

将整理完毕的松材线虫分布记录和环境变量分别导入 MaxEnt 中。在主界面分别勾选"Create response curves"和"Do jackknife to measure variable importance"，随后在"Output directory"设置结果输出的位置；接着点击模型底部的"Settings"，将"Basic"中的"Random text percentage"设置为 25%，将"Replicates"设置为 10，选择 Subsample 方式；最后在"Advanced"中将"Maximum iterations"设置为 5000。

8.2.6 模型评价与适生区的划分

本研究通过 ROC 曲线分析法中的 AUC 值来判断模型的准确性，一般而言，AUC 值越高，使用 MaxEnt 模型的预测越好。AUC 值取值范围为 0~1，模型的评价标准为：失败(0~0.6)，差(0.6~0.7)，一般(0.7~0.8)，好(0.8~0.9)，非常好(0.9~1.0)。将 MaxEnt 模型预测的结果导入 ArcGIS 中，利用软件自带的转换工具中"ASCⅡ转栅格"，将数据转化为栅格格式，随后使用数据管理工具中投影功能，将栅格的坐标系定义为"GCS_WGS_1984"；最后使用 Spatial Analyst 工具中的"重分类"功能对预测结果进行划分，并使用自然间断点分级法(Jenks' natural breaks)将松材线虫病的适生区划分为四类，即非适生区(≤0.08)、低适生区(0.08~0.26)、中适生区(0.26~0.46)、高适生区(>0.46)。

8.2.7 潜在质心变化与适生概率的趋势变化

质心变化情况指的是适生区中心的变化情况，通过计算物种在不同时期下的质心，可以反应物种在未来适生区中心的迁移轨迹。首先将重新分类栅格数据使用转换工具中的"栅格砖面"功能进行转换；接着将转换好的面数据使用空间统计工具中的"平均中心"功能，对适生区的质心进行计算，同时利用"测量"工具计算在不同时期下质心的迁移距离。

针对物种的适宜概率变化趋势，首先，使用提取分析功能将 MaxEnt 模型预测结果中适生区的范围提取出来；接着使用"栅格转点"功能进行格式的转换；最后使用 GraphPad Prism 软件在各纬度的适生概率均值进行 95%置信区间的多项式拟合，探索其从低纬度到高纬度适宜概率的变化趋势。

8.3 结果与分析

8.3.1 模型的优化与准确性评价

在进行松材线虫病适生区预测时，当使用 MaxEnt 模型的默认设置参数 RM = 1，FC = LQHP 时，其 ΔAICc = 7.444(图 8-2，表 8-2)。在 R 软件中使用 ENMeval 数据包进行优化后，将 MaxEnt 模型的参数设置为 FC = LQHP，RM = 0.5 时，其 ΔAICc = 0。经过模型优化后，MaxEnt 模型表现出很高的预测性能，模型训练后的 AUC 值为 0.933±0.00151，模型测试后的 AUC 值为 0.926±0.0063。AUC 测试表明模型的精度为非常好，可用于松材线虫病适生区的预测分析(图 8-3)。

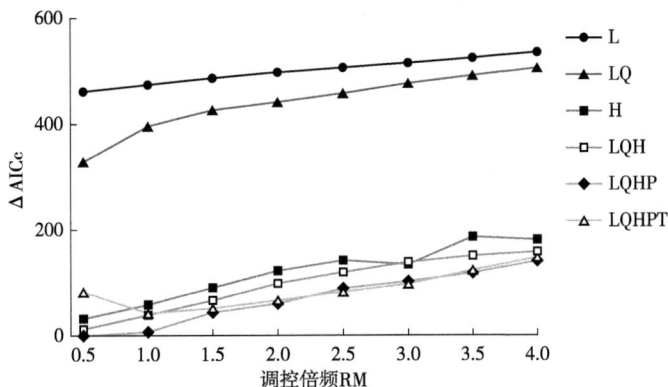

图 8-2　松材线虫病在不同特征组合和调控倍频设置下 MaxEnt 模型的 ΔAICc 值

表 8-2　松材线虫病使用 MaxEnt 模型建模时在默认设置和优化设置下的性能差异

参数名称	默认	设置
调控倍频 RM	1.0	0.5
特征组合 FC	LQHP	LQHP
Mean AUC	0.904	0.906
AUC_{diff}	0.058	0.054
OR_{MTP}	0.076	0.076
OR_{10}	0.355	0.360
ΔAICc	39.247	0

8.3.2 松材线虫病分布与环境变量的关系

在 8 个变量中，最干月份降水量(Bio14)、年降水量(Bio12)、距道路的距离(DR)是 MaxEnt 模型预测中使用的前 3 个变量，累计贡献率为 83%(图 8-4)。筛选出的环境变量进行 Jackknife 分析发现(图 8-5)，在仅单独使用气候变量时，正则化训练增益较高的 4 个气候变量为年均温(Bio1)、平均日温差(Bio2)、年降水量(Bio12)和最干月份降水量

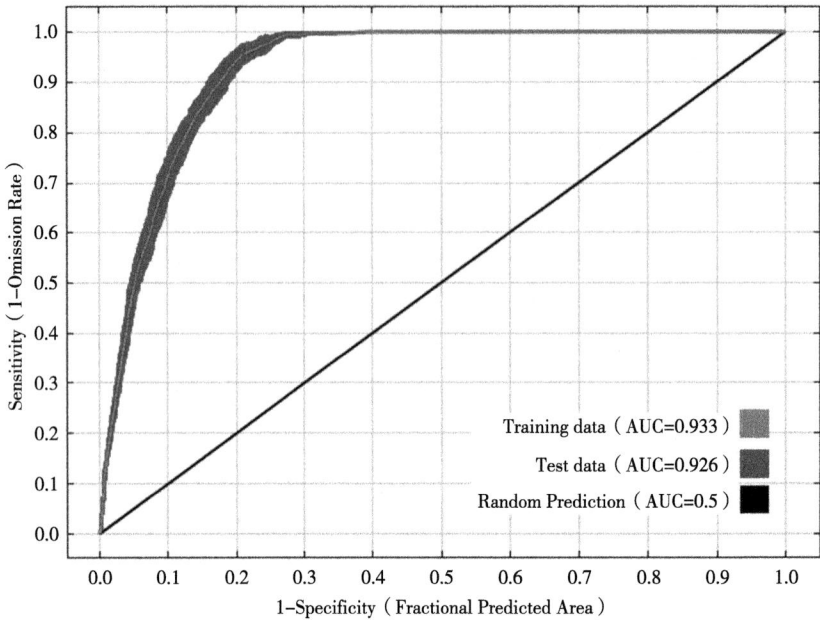

图 8-3　松材线虫适生区的 ROC 曲线检验

（Bio14）；而当仅单独使用 1 月平均风速（Wind 01）时，几乎没有任何增益，表明它对预测松材线虫适生区的贡献很小；在使用除海拔（Elev）以外的环境变量时，正则化训练增益明显下降，表明其具有较多其他变量不存在的信息。综上所述，影响松材线虫病潜在分布的主要因子有 Bio1、Bio2、Bio12、Bio14、Elev 和 DR。

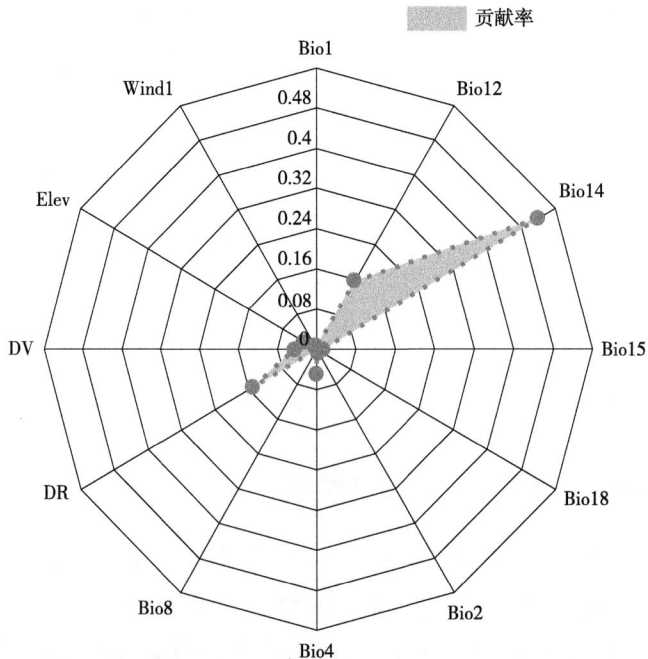

图 8-4　松材线虫病环境变量对 MaxEnt 模型预测的贡献率

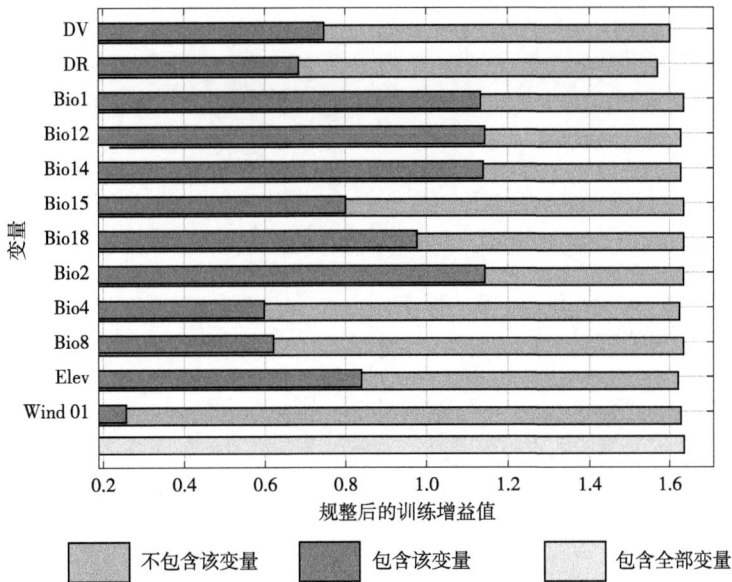

图 8-5 松材线虫病 MaxEnt 模型中生物气候变量重要性的刀切法检验结果

"不包含该变量"表示不含该变量的模型的正则化训练增益，"只包含该变量"表示
只含该变量的模型的正则化训练增益，"包含所有变量"表示含所有变量的模型的正则化训练增益

8.3.3 松材线虫病主导环境因子响应曲线分析

根据环境变量的响应曲线（图 8-6），可以使用 MaxEnt 模型评估松材线虫病存在的可能性。结果表明：年均温（Bio1）在-2.59~17.85℃和20.78~22.09℃时，与松材线虫病的分布呈正相关，在17.85~20.78℃和22.09~29.77℃时，与松材线虫病的分布呈负相关；平均日温差（Bio2）在5.19~6.26℃和6.97~8.47℃时，与松材线虫病的分布呈正相关，在3.44~5.19℃、6.26~6.97℃和8.47~14.29℃时，与松材线虫病的分布呈负相关；年降水量（Bio12）在0~1469mm时，适生概率随降雨的增加而增加，在1469~3602mm时，适生概率随降雨的增加而降低；最干月份降水量（Bio14）在0~49mm时与松材线虫病的分布呈正相关，在49~202mm时与松材线虫病的分布呈负相关；海拔（Elev）在0~41m时与松材线虫病的分布呈正相关，在41~3083m时与松材线虫病的分布呈负相关；距道路的距离（DR）在0~75m时，适生概率随距离的增加而降低，在75~662m时，适生概率随距离的增加而增加。如果以逻辑值大于0.5为最适生的标准，则松材线虫病的最佳适生条件为：年均温（Bio1）在16.03~22.65℃，平均日温差（Bio2）在5.84~9.04℃，年降水量（Bio12）在1084~1938mm，最干月降水量（Bio14）在22~69mm，距道路的距离（DR）在336~662m。

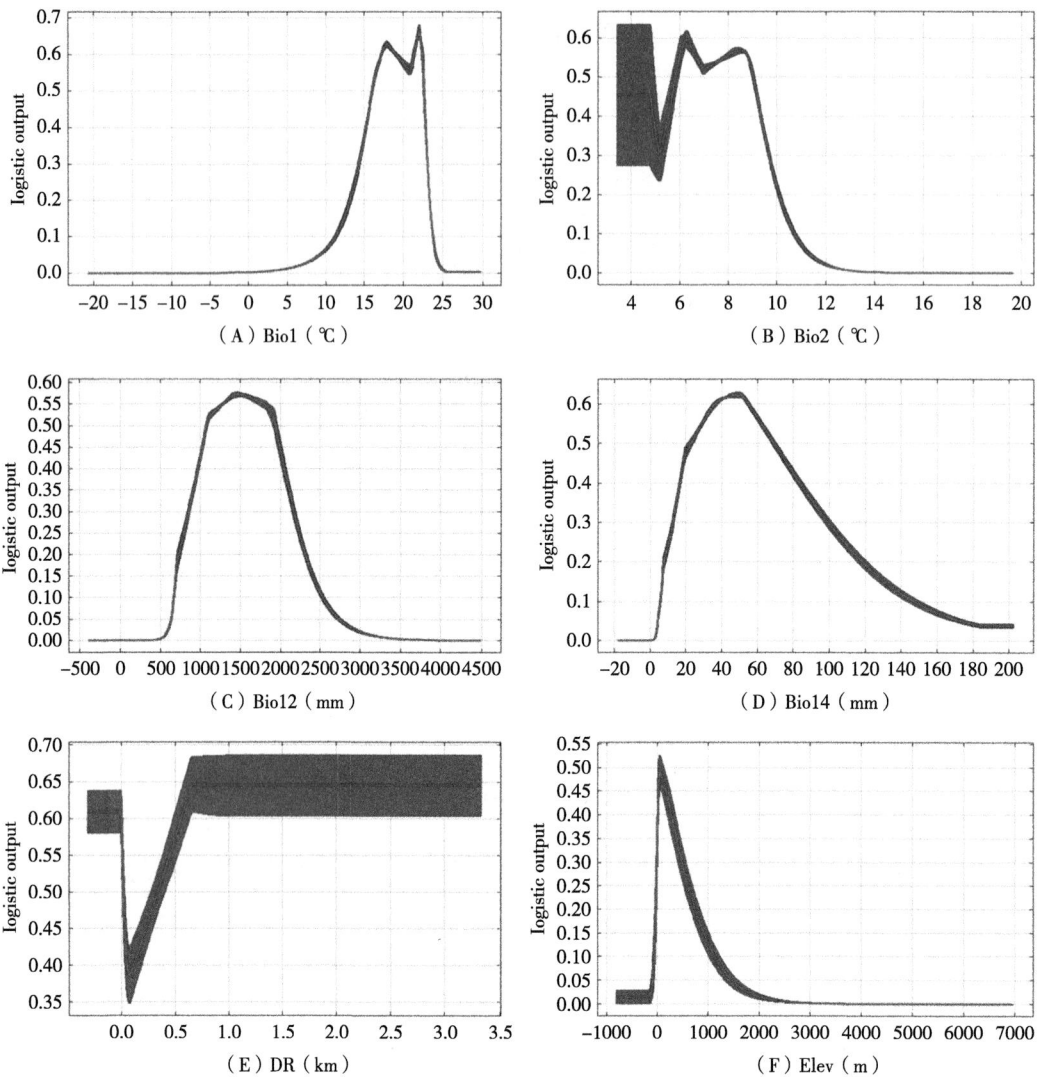

图 8-6 松材线虫 6 个主导环境变量的响应曲线

8.3.4 松材线虫病适生区预测

8.3.4.1 当前气候条件下松材线虫病潜在适生区预测

利用 MaxEnt 模型预测松材线虫病在当前的条件下在我国的适生范围，结果发现：在当前的气候情景下，松材线虫病在我国的适生区总面积约为 $212.32 \times 10^4 \text{km}^2$，约占我国陆地总面积的 22.12%。松材线虫的高适生区、中适生区、低适生区的面积分别为 39.35×10^4 km^2、$85.50 \times 10^4 \text{km}^2$、$87.46 \times 10^4 \text{km}^2$，分别占适生区总面积的 18.53%、40.27%、41.19%。松材线虫病的中高度适生区主要集中在我国的湖北省、湖南省、安徽省、江西省、浙江省、广东省、广西壮族自治区、重庆市、四川省东部、河南省南部，此外在福建省、贵州省、江苏省、辽宁省、山东省和陕西省也有部分中高度适生区分布；低适生区除在黑龙江省、内蒙古自治区、宁夏回族自治区、青海省、新疆维吾尔自治区和天津市外没有分布，在我国的其他省份均有分布。

进一步将松材线虫病适生区与中国七大地理分区进行空间叠加(图 8-7)，结果发现：在东北地区适生区面积约为 $11.52×10^4 km^2$，约占我国适生区总面积的 5.43%；在华北地区几乎没有松材线虫病适生区的分布，仅有 $0.22×10^4 km^2$ 的低适生区分布，约占我国适生区总面积的 2.10%；在华中地区适生区面积约为 $47.42×10^4 km^2$，约占我国适生区总面积的 22.33%；在华东地区适生区面积约为 $68.36×10^4 km^2$，约占我国适生区总面积的 32.20%；在华南地区适生区面积约为 $35.43×10^4 km^2$，约占我国适生区总面积的 16.69%；在西北地区适生区面积约为 $9.05×10^4 km^2$，约占我国适生区总面积的 4.26%；在西南地区适生区面积约为 $40.32×10^4 km^2$，约占我国适生区总面积的 18.99%。综上所述，松材线虫病在我国的适生区主要集中在华中、华东、华南和西南地区。

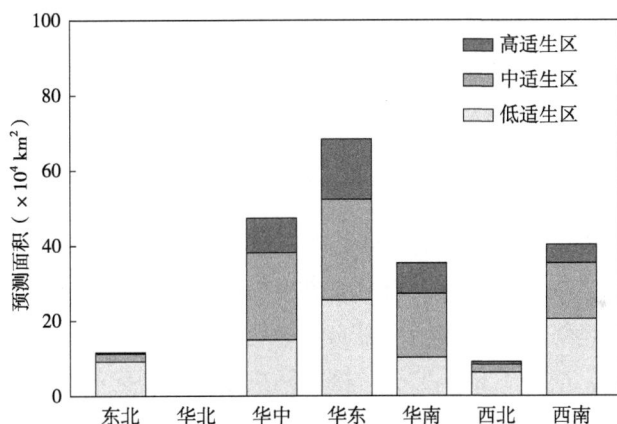

图 8-7　当前气候下松材线虫在我国七大地区的潜在分布

8.3.4.2　未来气候条件下松材线虫病潜在适生区预测

在未来气候条件下利用 MaxEnt 模型预测松材线虫病在我国的适生区，结果发现(表 8-3)：在 SSP126 情景下，2050 年松材线虫病在我国的总适生区面积为 $218.73×10^4 km^2$，约占我国陆地总面积的 22.78%，其中高、中、低适生区面积分别为 $52.28×10^4 km^2$、$84.23×10^4 km^2$、$82.22×10^4 km^2$，分别占适生区总面积的 23.90%、38.51%、37.59%，相较于当前，高适生区增加了 32.86%，中、低适生区分别减少了 1.49% 和 5.99%；2100 年松材线虫病在我国的总适生区面积为 $222.51×10^4 km^2$，约占我国陆地总面积的 23.18%，其中高中低适生区面积分别为 $50.19×10^4 km^2$、$95.71×10^4 km^2$、$76.61×10^4 km^2$，分别占适生区总面积的 22.56%、43.01%、34.43%，相较于当前，高、中适生区分别增加了 27.55% 和 11.94%，低适生区减少了 12.41%。

在 SSP585 情景下，2050 年松材线虫病在我国的总适生区面积为 $220.59×10^4 km^2$，约占我国陆地总面积的22.98%，其中高、中、低适生区面积分别为52.11×10⁴km²、88.12× 10⁴km²、80.36×10⁴km²，分别占适生区总面积的23.62%、39.95%、36.43%，相较于当前，高、中适生区分别增加了32.43%和3.06%，低适生区减少了8.12%；2100年松材线虫病在我国的总适生区面积为221.00×10⁴km²，约占我国陆地总面积的23.02%，其中高、中、低适生区面积分别为54.31×10⁴km²、86.44×10⁴km²、80.25×10⁴km²，分别占适生区总面积的24.57%、39.11%、36.31%，相较于当前，高、中适生区分别增加了30.39%和1.10%，低适生区减少了8.24%。

表8-3　当前与未来两种胁迫下松材线虫的适生区面积　　　　　单位：×10⁴km²

情景	年份	适生区类型		
		高适生区	中适生区	低适生区
当前		39.35	85.50	87.46
SSP126	2050年	52.28(32.86%)	84.23(-1.49%)	82.22(-5.99%)
	2100年	50.19(27.55%)	95.71(11.94%)	76.61(-12.41%)
SSP585	2050年	52.11(32.43%)	88.12(3.06%)	80.36(-8.12%)
	2100年	51.31(30.39%)	86.44(1.10%)	80.25(-8.24%)

进一步将未来气候条件下松材线虫病的潜在适生区与中国七大地理分区进行空间叠加（图8-8），结果显示：在东北地区，松材线虫病的中高适生区面积呈现增加的趋势，低适生区面积呈现降低的趋势，在2100年SSP585的气候情景下，松材线虫在东北地区的高适生区面积增加的最多，增加了847.32%；松材线虫在华中地区的高适生区面积呈现增加的趋势，中低适生区面积总体呈现降低的趋势，但是在2100年SSP126的气候情景下，松材线虫在华中地区的中适生区面积增加了5.89%；松材线虫在华东地区的高适生区面积呈现增加的趋势，中低适生区面积总体呈现降低的趋势，但是在2100年SSP126的气候情景下，松材线虫在华东地区的中适生区面积增加了4.44%；在华南地区，松材线虫的高、低适生区面积总体呈现增加的趋势，中适生区面积总体呈现降低的趋势，其中在2050年SSP126气候情景下高适生区面积增加的幅度最大，增加了12.71%；在西北地区，松材线虫的低、中、高适生区面积总体呈现增加的趋势，增加幅度最大的是在2100年SSP585气候情景下的高适生区面积，增加了86.46%；在西南地区，松材线虫的中高适生区面积总体呈现增加的趋势，低适生区面积总体呈现降低的趋势。

8.3.4.3　松材线虫病在中国潜在适生区空间格局变化

为了更加清晰地了解松材线虫病的扩散趋势，我们对不同气候情景下松材线虫病在中国新增和减少的适生区进行了分析，结果发现：松材线虫病新增适生区在未来不同气候情景和不同年份下的分布大体相似，除内蒙古自治区、宁夏回族自治区、青海省和新疆维吾尔自治区外均有分布。减少的适生区在SSP126情景2050年主要发生在河南省、山东省、河北省、江苏省、安徽省和吉林省，2100年主要发生在河南省、山东省和安徽省；在

SSP585 情景 2050 年主要发生在河南省、山东省、江苏省、安徽省和辽宁省，2100 年主要发生在山东省、江苏省、广东省、广西壮族自治区、云南省和西藏自治区。

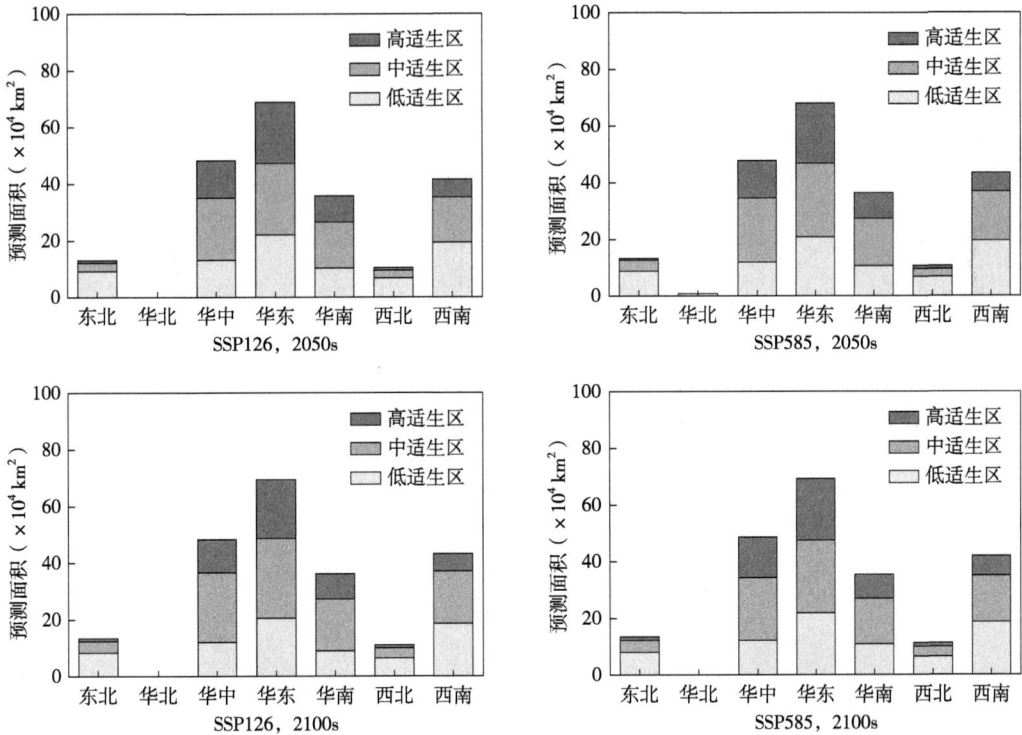

图 8-8　SSP126 和 SSP585 气候情景下松材线虫在我国七大地区的潜在分布

8.3.4.4　气候变化下松材线虫病适生区质心变化

如图 8-9 所示，在当前气候情景下，松材线虫病的质心坐标为 113.6208°E，29.0675°N，位于湖南省岳阳市。在 SSP126 情景下，2050 年质心迁移至 113.6163°E，29.3478°N，位于湖南省岳阳市，相较于当前质心向北迁移 31km；2100 年质心迁移至 113.8608°E，29.6781°N，位于湖北省咸宁市，在 2050 年质心的基础上向东北迁移 44km。在 SSP585 情景下，2050 年质心迁移至 113.5806°E，29.3669°N，位于湖南省岳阳市，相较于当前质心向北迁移 33km；2100 年质心迁移至 113.7014°E，29.5428°N，位于湖北省咸宁市，在 2050 年质心的基础上向东北迁移 22km。

8.3.4.5　松材线虫病适生概率分析

在当前以及未来不同气候情景下，松材线虫病适生概率变化趋势相似，总体呈现先增加后降低的趋势(图 8-10)。在当前气候下，松材线虫病适生区的发生范围为 19°N~45°N，其中在 22°~32°N 的适生概率高于其他纬度梯度。在 2050 年和 2100 年的 SSP126 和 SSP585 情景下，松材线虫病的适生概率随纬度的增加都有增加趋势，其适生区的发生范围也扩大到了 18°~48°N，在 28°~31°N 松材线虫病的适生概率高于其他纬度梯度。

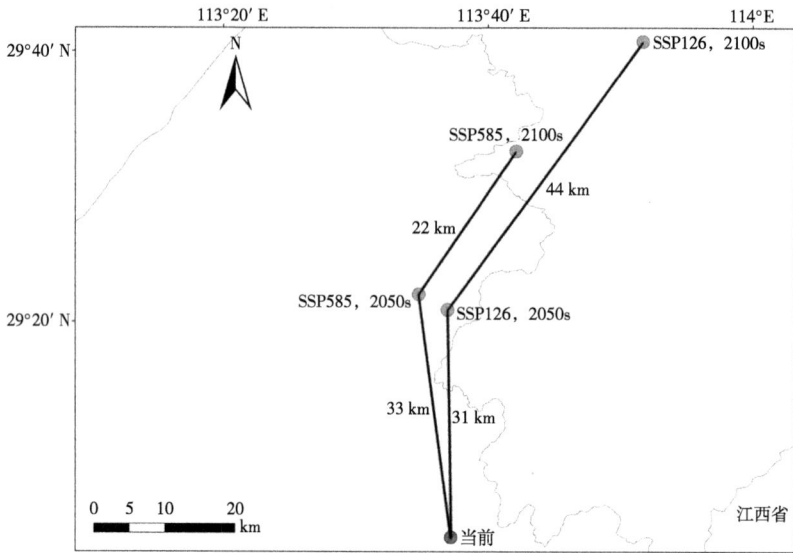

图 8-9 不同气候情景下松材线虫适生区的质心变化

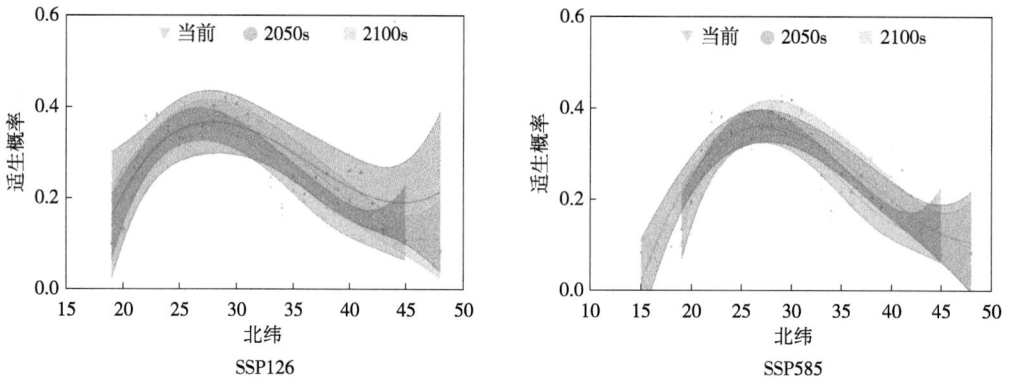

图 8-10 基于纬度梯度的松材线虫在不同气候情景下适生概率变化趋势

8.3.5 松材线虫病的潜在扩散面积

松材线虫病在我国的实际分布面积约为 $124.61 \times 10^4 km^2$，在当前气候情景下，松材线虫的适生区面积为 $212.32 \times 10^4 km^2$，其潜在扩散面积为 $87.71 \times 10^4 km^2$。在未来不同的气候情境下，松材线虫的潜在扩散面积呈现增加的趋势。在 SSP126 情景下，2040 年松材线虫病的潜在扩散面积为 $94.12 \times 10^4 km^2$，相较于当前增加了 7.31%；2070 年松材线病的潜在扩散面积为 $96.33 \times 10^4 km^2$，相较于当前增加了 9.83%；2100 年松材线虫病的潜在扩散面积为 $97.90 \times 10^4 km^2$，相较于当前增加了 11.62%。在 SSP585 情景下，2040 年松材线虫病的潜在扩散面积为 $95.99 \times 10^4 km^2$，相较于当前增加了 9.44%；2070 年松材线虫病的潜在扩散面积为 $93.77 \times 10^4 km^2$，相较于当前增加了 6.91%；2100 年松材线虫病的潜在扩散面积为 $96.40 \times 10^4 km^2$，相较于当前增加了 9.91%（表 8-4）。

表8-4 当前和未来气候情境下松材线虫病潜在扩散面积分析   单位：$\times 10^4 km^2$

情景	年份	面积	扩张面积	扩张比例(相较实际面积)	扩张比例(相较当前气候面积)
当前		212.32	87.71	7.04%	
SSP126	2040s	306.12	94.12	7.55%	7.31%
	2070s	308.65	96.33	7.73%	9.83%
	2100s	310.22	97.90	7.86%	11.62%
SSP585	2040s	308.31	95.99	7.70%	9.44%
	2070s	306.09	93.77	7.53%	6.91%
	2100s	308.72	96.40	7.74%	9.91%

8.3.6 基于媒介昆虫介导的松材线虫病的潜在发生面积

根据松材线虫病的实际发生区域与媒介昆虫的分布区域，通过分析，发现由松墨天牛和云杉花墨天牛介导的松材线虫病的实际发生面积分别为$120.9\times10^4 km^2$和$3.71\times10^4 km^2$。在当前气候情景下，由松墨天牛和云杉花墨天牛介导的松材线虫病的潜在扩散面积为$80.94\times10^4 km^2$和$189.88\times10^4 km^2$，目前暂没有发现由松墨天牛和云杉花墨天牛共同介导的松材线虫病的实际发生区域，但是由这两种媒介昆虫共同介导的潜在扩散面积为$15.39\times10^4 km^2$。在未来不同气候情景下由松墨天牛和云杉花墨天牛介导的松材线虫病在我国的潜在扩散面积都呈现增加的趋势，由松墨天牛介导的松材线虫病在我国的潜在扩散面积(图8-11A，D)在2040年SSP126情景下增加的最大，相较于当前增加了13.48%；由云杉花墨天牛介导的松材线虫病在我国的潜在扩散面

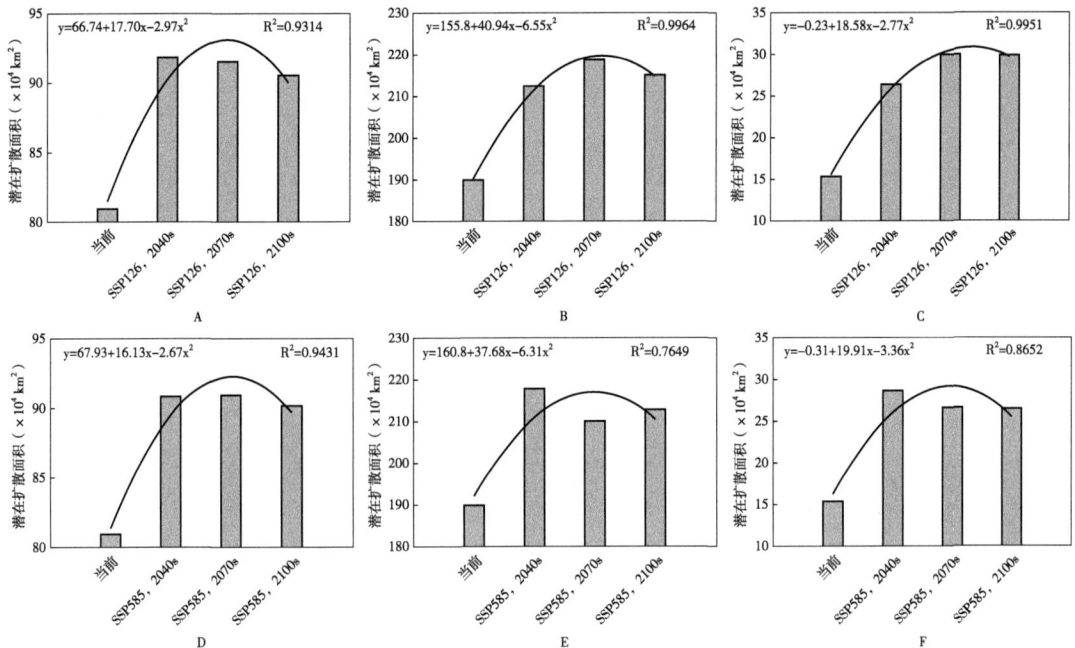

图8-11 当前和未来气候情景下，松墨天牛(A、D)和云杉花墨天牛(B、E)和二者共同介导(C、F)的松材线虫病潜在扩散区域差异

积(图 8-11B、E)在 2040 年 SSP585 情景下增加的最大，相较于当前增加了 14.74%；由松墨天牛和云杉花墨天牛共同介导的松材线虫病在我国的潜在扩散面积(图 8-11C、F)在 2100 年 SSP126 情景下增加的最大，相较于当前增加了 94.35%。

8.3.7 松材线虫及其媒介昆虫的适生概率及适生面积分析

8.3.7.1 松材线虫及其媒介昆虫的适生概率

在当前气候情景下，不同纬度地区松材线虫及其媒介昆虫的适生概率存在一定差异，随纬度的增加都呈现先增加后减少的趋势(图 8-12)。松材线虫、松墨天牛和云杉花墨天牛适生区的发生范围分别为 19°~45°N、18°~40°N 和 27°~53°N。在 22°~30°N 的纬度梯度上，松材线虫和松墨天牛的适生概率显著高于其他纬度，而云杉花墨天牛的适生概率较高的区域集中在 40°~50°N。在未来不同气候情景下，松材线虫及其媒介昆虫在相应纬度上的适生概率均略有增加。同时，松材线虫、松墨天牛和云杉花墨天牛的适生概率纬度范围将分别扩大到 15°~48°N、18°~42°N 和 23°~53°N。

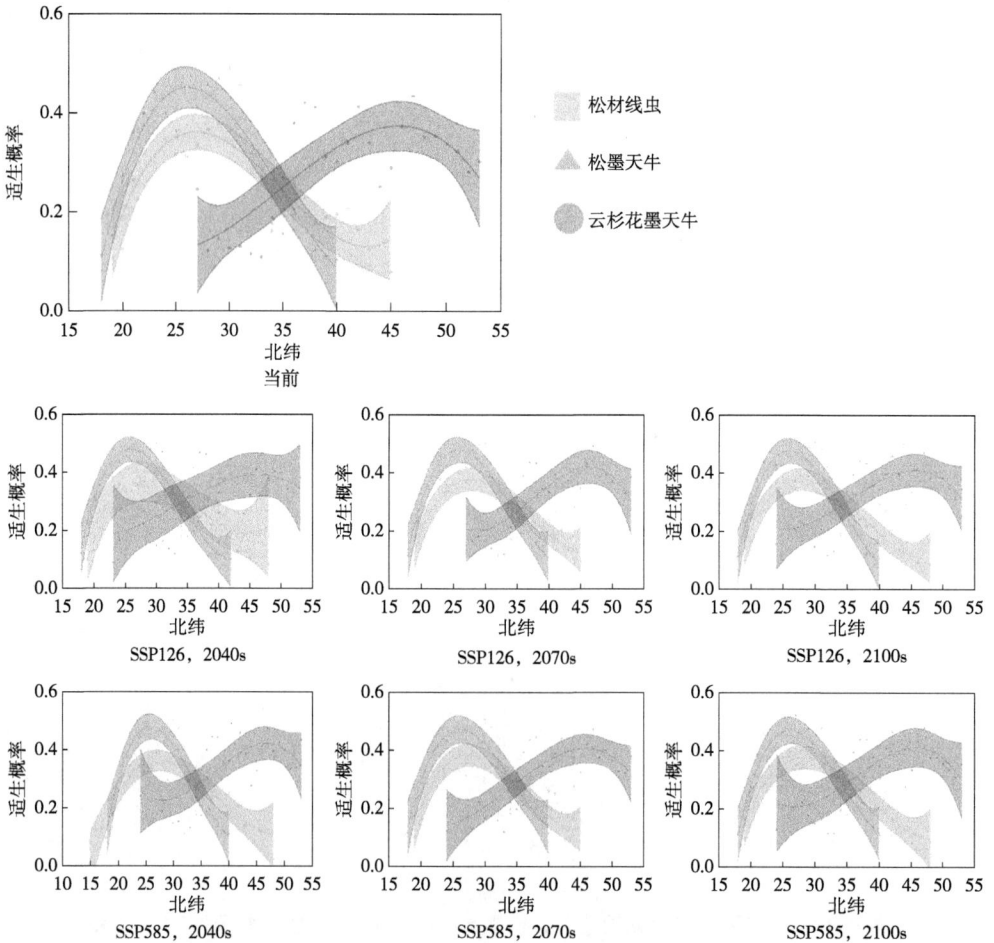

图 8-12　松材线虫及其媒介昆虫在不同纬度下的适生概率

8.3.7.2 松材线虫及其媒介昆虫的适生面积

在不同气候情景下，松材线虫及其媒介昆虫的适生面积在纬度梯度上存在显著差异（图 8-13）。随着纬度的增加，不同纬度的松材线虫及其媒介昆虫的适生面积呈现先增加后减少的趋势。松材线虫的最大适生面积集中在 22°~34°N，当前气候情景下适生面积的纬度范围为 19°~45°N，未来气候情景下将扩大到 18°~48°N。对于昆虫媒介，当前气候情景下松墨天牛和云杉花墨天牛适生面积的纬度范围分别为 18°~38°N 和 28°~53°N，未来气候情景下适生面积的纬度范围将略有扩大，分别为 18°~40°N 和 27°~53°N。

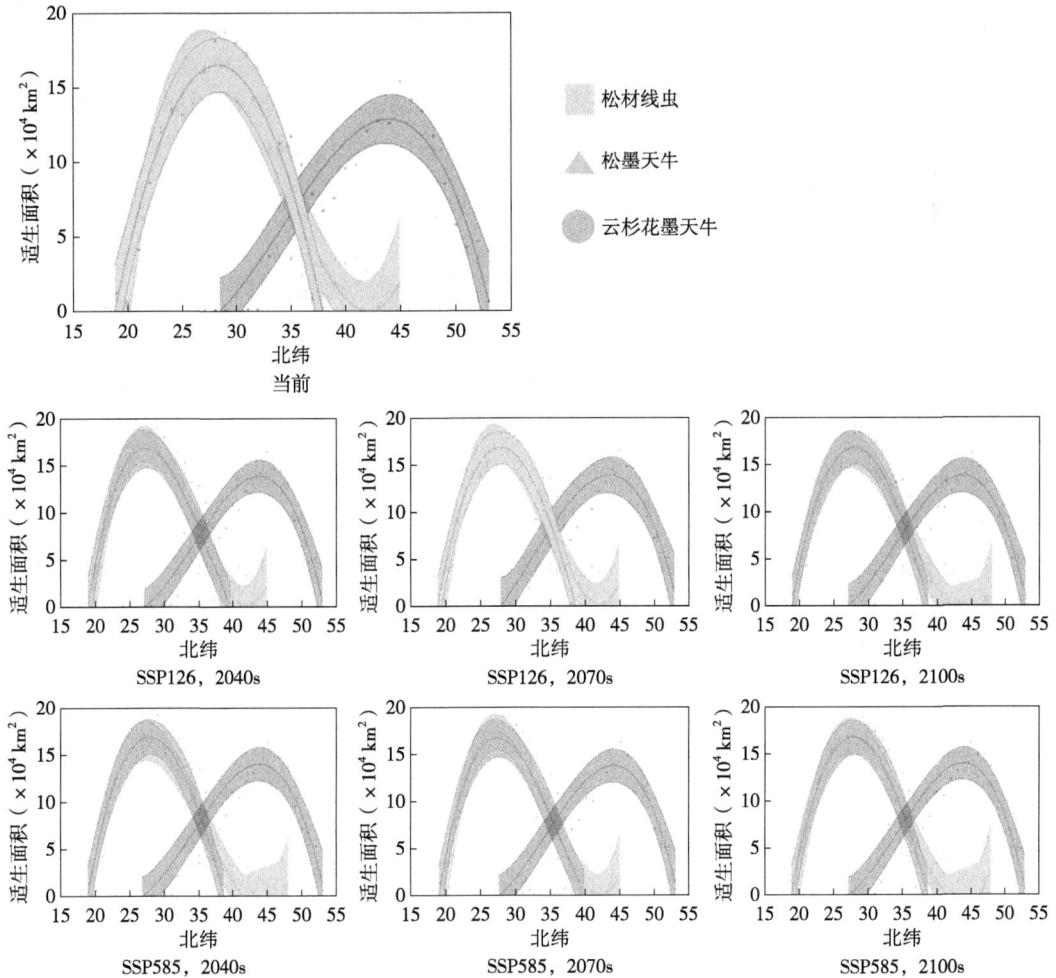

图 8-13　松材线虫及其媒介昆虫在不同纬度下的适生概率

8.4　小结与讨论

松材线虫自 1982 年首次成功入侵以来，在中国迅速蔓延（程瑚瑞等，1983；Zhao et al.，2008；叶建仁，2019；叶建仁和吴小琴，2022）。截至 2024 年 2 月，松材线虫已在我国 19 个省的 701 个县级行政区广泛分布。本研究首次分析了由媒介昆虫介导的松材线虫在我国的风险和潜在扩散区域，为预防和控制松材线虫在我国的传播提供了重要的理论参考和依据。

MaxEnt 模型是一种应用广泛的物种分布模型，其最大的优点是只需要利用目标物种的地理分布数据和环境变量来预测目标物种的潜在适生区（Jackson and Robertson，2011；Mitchell et al.，2016；Ge et al.，2018；Raffini et al.，2020；Gao et al.，2023）。在本研究中，当使用 MaxEnt 模型的默认参数预测松材线虫、松墨天牛和云杉花墨天牛的潜在地理分布区域时，模型中这三个物种的 ΔAICc 值均大于 0，说明使用 MaxEnt 模型的默认参数容易导致过拟合，从而降低模型预测结果的准确性（Warren and Seifert，2011；Muscarella et al.，2014；Jin et al.，2022）。因此，使用 R 软件中的 ENMeval 包对 MaxEnt 模型进行优化。优化后的 MaxEnt 模型中，松材线虫的模型参数设为 $FC = LQHP$，$RM = 0.5$，松墨天牛的模型参数设为 $FC = LQHP$，$RM = 1.5$，云杉花墨天牛的模型参数设为 $FC = LQHP$，$RM = 0.5$。

已有研究表明，生物气候变量、人为因素和海拔等在松材线虫病的扩散和空间分布格局中起着重要的作用（Roques et al.，2015；Gao et al.，2019；叶建仁和吴小琴，2022；Xu et al.，2023b）。松材线虫病及其媒介昆虫的生存、繁殖和传播都依赖环境条件、人为干扰和海拔等因素的干扰（Sugalski and Claussen，1997；Bale et al.，2002；Paaijmans et al.，2013）。在本研究中，我们一共选取了 34 个变量来预测松材线虫及其媒介昆虫的适生区域，通过对环境变量贡献率的分析，发现影响松材线虫病潜在分布的主要温度因子有 Bio1 和 Bio2，降水因子包括 Bio12、Bio14，除此之外，海拔和距离道路的距离也是影响松材线虫病潜在分布的关键变量。

本研究结果显示，目前松材线虫病在中国的适生区主要集中在华中、华东、华南和西南地区，而西北和东北地区则相对较少。针对松材线虫病在中国的适生区预测，目前已有大量研究，例如赵浩翔（Zhao et al.，2023）等通过 8 种建模算法，发现气候变化会增加松材线虫病及其两种媒介昆虫在中国高纬度地区的适宜概率，也会增加松材线虫病对其宿主的威胁和其两种媒介昆虫的传播能力；王伟（Wang et al.，2023）通过 MaxEnt 模型发现年降水量和等温性是影响松材线虫病在中国分布的关键变量，在气候变化的情况下，松材线虫病的分布呈现出向北扩展和高适生区域减少的趋势；何善勇等（2012）通过 Climex 模型发现在气候变暖的情境下，松材线虫在我国的适生分布区将呈现向北扩散的趋势，其分布北界将到达吉林省西部；MaxEnt 模型对中国松材线虫病的潜在分布进行了评价，发现其高适生区的面积将在 2050 年至 2070 年间急剧增长并向东北扩散，温度和降水是影响松材线虫病地理分布的主要气候因素；韩阳阳等（2015）利用 MaxEnt 模型对松材线虫在中国的适生区范围进行了预测，发现松材线虫在中国的高适生区主要集中在华东和华南地区；Jue Wang 等（2023）利用 MaxEnt 模型对松材线虫病在我国的潜在分布进行了分析，发现其适生区主要位于我国的东南部，在气候变化的情况下，松材线虫病在我国的分布有向北和向西扩散的趋势，温度和降水是影响松材线虫病地理分布的主要气候因素。本研究与以上研究保持了相同的结果，均发现在气候变化的情况下，松材线虫病有向北扩散的趋势，温度和降水是影响其潜在分布的关键变量。

本研究除应用环境变量对松材线虫的适生区进行预测外，还考虑了媒介昆虫的传播。松材线虫病在我国扩散主要依赖松墨天牛和云杉花墨天牛的传播（宋玉双和臧秀强，1989；Zhao et al.，2008；叶建仁和吴小琴，2022；Gao et al.，2023；Xu et al.，2023b），目前，松材线虫病在我国的实际分布面积约为 $124.61 \times 10^4 \text{km}^2$，其中由松墨天牛介导的面积约为 $120.9 \times 10^4 \text{km}^2$，由云杉花墨天牛介导的面积为 $3.71 \times 10^4 \text{km}^2$。我们通过进一步分析在媒介昆虫介导下松材线虫病的潜在扩散面积，发现在当前的气候情景下，由松墨天牛和云杉花墨天牛介导的松材线虫病潜在扩散面积分别为 $80.94 \times 10^4 \text{km}^2$ 和 $189.88 \times 10^4 \text{km}^2$。值得关注的是，在陕西、河南、山东、辽宁等4个省份，虽然松墨天牛和云杉花墨天牛目前并未共同介导松材线虫病的发生，但由它们共同介导的潜在扩散面积约为 $15.39 \times 10^4 \text{km}^2$。同时，我们分析了我国不同纬度下松材线虫病及其媒介昆虫的适生概率，发现沿纬度梯度存在较大的差异，这可能是由不同纬度梯度下环境因子和植物群落结构的差异引起的，从而导致不同物种的适生概率不同（MacArthur，1972；Harte et al.，2009；Zhang et al.，2020；Nishizawa et al.，2022）。此外，在气候变化的情况下，由松墨天牛和云杉花墨天牛介导的松材线虫病的潜在扩散面积将继续增加，在不同的纬度梯度下，松材线虫病及其媒介昆虫的适生概率都将略有增加。

随着全球化贸易的发展，人类活动极大地促进了入侵物种的扩散和地理分布。松材线虫病在全球范围内主要通过由受感染的松木制成的产品进行传播扩散（Gao et al.，2019；Xu et al.，2023a；Zhao et al.，2023），进一步由媒介昆虫携带松材线虫传播到健康的松树上进行侵染扩散，从而造成疫情的发生和松木的大量死亡。我国自1982年首次发生松材线虫病以来，大部分新入侵地区都是由人为携带进行传播的（叶建仁，2019），这与本次研究的结果相符，我们发现距离道路的距离对松材线虫病在我国的潜在适生分布格局有显著的影响。因此，为了防止松材线虫病从疫区向非疫区的扩散，我们需要建立严格的针对松材线虫及其媒介昆虫的检疫措施（叶建仁和吴小琴，2022；Xu et al.，2023b；Gao et al.，2023），既要考虑媒介昆虫的分布现状，又要考虑媒介昆虫介导的潜在扩散区域。

参考文献

［1］Aikawa T. Transmission biology of *Bursaphelenchus xylophilus* in relation to its insect vector ［M］. Berlin: Springer, 2008.

［2］Akmal M, Janssens M J J. Productivity and light use efficiency of perennial ryegrass with contrasting water and nitrogen supplies［J］. Field Crops Research, 2004, 88(2): 143-155.

［3］Bale J S, Masters G J, Hodkinson I D, et al. Herbivory in global climate change research: Direct effects of rising temperature on insect herbivores ［J］. Global Change Biology Bioenergy, 2002, 8: 1-16.

［4］Balestrini R, Gómez-Ariza J, Klink V P, et al. Application of laser microdissection to plant pathogenic and symbiotic interactions ［J］. Journal of Plant Interactions, 2009, 4(2): 81-92.

［5］Bergdahl D R. Impact of pine wood nematode in North America: present and future ［J］. Journal of nematology, 1988, 20(2): 260.

［6］Bigot A, Fontaine F, Clement C, et al. Effect of the herbicide flumioxazin on photosynthetic performance of grapevine (*Vitis vinifera L.*)［J］. Chemospehre, 2007, 67: 1243-1251.

［7］Board P G, Menon D. Glutathione transferases, regulators of cellular metabolism and physiology［J］. Biochimica et Biophysica Acta (BBA)-General Subjects, 1830(5): 3267-3288.

［8］Borcard D, Legendre P, Drapeau P. Partialling out the spatial component of ecological variation［J］. Ecology, 1992, 73(3): 1045-1055.

［9］Cabrera-Bosquet L, Molero G, Bort J, et al. The combined effect of constant water deficit and nitrogen supply on WUE, NUE, and Δ13C in durum wheat potted plants［J］. Annals of Applied Biology, 2007, 151(3): 277-289.

［10］Cai Y F, Zhang S B, Hu H, et al. Photosynthetic performance and acclimation of *Incarvillea delavayi* to water stress［J］. Nederlandens: Biologia Plantarum, 2010, 54(1): 89-96.

［11］Castello J D, Leopold D J, Smallidge P J. Pathogens, patterns, and processes in forest ecosystems［J］. Bioscience, 1995, 45(1): 16-24.

［12］Catalán T P, Wozniak A, Niemeyer H M, et al. Interplay between thermal and immune ecology: effect of environmental temperature on insect immune response and energetic costs after an immune challenge［J］. Journal of Insect Physiology, 2012, 58(3): 310-317.

［13］Choi W I, Song H J, Kim D S, et al. Dispersal patterns of pine wilt disease in the early stage of its invasion in South Korea[J]. Forests, 2017, 8: 411.

[14]Colinet H, Sinclair B J, Vernon P, et al. Insects in fluctuating thermal environments [J]. Annual Review of Entomology, 2015, 60: 123-140.

[15]Cornic G, Briantais J M. Partitioning of photosynthetic electron flow between CO_2 and O_2 reduction in a C_3 leaf (*Phaseolus vulgaris* L.) at different CO_2 concentrations and during drought stress[J]. Planta, 1991, 183(2): 178-184.

[16]Covington W W. Changes in forest floor organic matter and nutrient content following clear cutting in northern hardwoods[J]. Ecology, 1981, 62(1): 41-48.

[17]Cui Y, Du Y, Lu M, et al. Antioxidant responses of *Chilo suppressalis* (Lepidoptera: Pyralidae) larvae exposed to thermal stress[J]. Journal of Thermal Biology, 2011, 36 (5): 292-297.

[18]David G, Giffard B, Piou D, et al. Potential effects of climate warming on the survivorship of adult *Monochamus galloprovincialis*[J]. Agricultural and Forest Entomology, 2017, 19 (2): 192-199.

[19]Davis M A, Grime P, Thompson K. Fluctuating resources in plant communities: A general theory of invisibility[J]. Journal of Ecology, 2000, 88(3): 528-534.

[20]Davis M R, Allen R B, Clinton P W. Carbon storage along a stand development sequence in a New Zealand Nothofagus forest[J]. Forest Ecology and Management, 2003, 177(3): 313-321.

[21]Dawson T E, Mambelli S, Plamboeck A H, et al. Stable isotopes in plant ecology[J]. Annual Review of Ecology Evolution and Systematics, 2002, 33(1): 507-559.

[22]Ding J, Mack R N, Lu P, et al. China's booming economy is sparking and accelerating biological invasions[J]. Bioscience, 2008, 58(4): 317-324.

[23]Dropkin V H, Foudin A S, Kondo E, et al. Pine wood nematode: a threat to US forest [J]. Plant disease, 1981, 65(12): 1022-1027.

[24]Elfadl M A, Luukkanen O. Field studies on the ecological strategies of *Prosopis juliflora* in a dryland ecosystem: A leaf gas exchange approach [J]. Journal of Arid Environments, 2006, 66(1): 1-15.

[25]Elton C S. The ecology of invasions by animals and plants [M]. Oxford: Chapman & Hall, 1958.

[26]Fang J Y, Wang G G, Liu G H, et al. Forest biomass of China: an estimate based on the biomass-volume relationship[J]. Ecological Applications, 1998, 8(4): 1084-1091.

[27]Farquhar G D, Caemmerer S V. Modelling of photosynthetic response to environmental conditions. Physiological plant ecology Ⅱ[M]. Berlin: Springer, 1982, 12: 549-587.

[28]Farquhar G D, Ehleringer J R, Hubick K T. Carbon isotope discrimination and photosynthe-

sis[J]. Annual Review of Plant Biology, 1989, 40(1): 503-537.

[29] Field C, Merino J, Mooney H A. Compromises between water-use efficiency and nitrogen-use efficiency in five species of California evergreens[J]. Oecologia, 1983, 60(3): 384-389.

[30] Fielding A H, Bell J F. A review of methods for the assessment of prediction errors in conservation presence/absence models[J]. Environmental Conservation, 1997, 24(1): 38-49.

[31] Flower C E, Knight K S, Rebbeck J, et al. The relationship between the emerald ash borer (*Agrilus planipennis*) and ash (*Fraxinus spp.*) tree decline: Using visual canopy condition assessments and leaf isotope measurements to assess pest damage[J]. Forest Ecology and Management, 2013, 303: 143-147.

[32] Fujihara M. Development of secondary pine forests after pine wilt disease in western Japan [J]. Journal of Vegetation Science, 1996, 7(5): 729-738.

[33] Fujihara M. Structure of *Pinus luchuensis* forests affected by pine wilt disease in northern Taiwan[J]. Natural History Research(Special Issue), 1997, 4: 113-126.

[34] Fujihara M, Hada Y, Toyohara G. Changes in the stand structure of a pine forest after rapid growth of *Quercus serrata* Thunb[J]. Forest Ecology and Management, 2002, 170(1): 55-65.

[35] Fukuda K. Physiological process of the symptom development and resistance mechanism in pine wilt disease[J]. Journal of Forest Research, 1997, 2(3): 171-181.

[36] Gao R H, Liu L, Li R J, et al. Predicting potential distributions of *Monochamus saltuarius*, a novel insect vector of pine wilt disease in China[J]. Frontiers in Forests and Global Change, 2023, 6: 1243996.

[37] Gao R H, Liu L, Zhao L J, et al. Potentially suitable geographical area for *Monochamus alternatus* under current and future climatic scenarios based on optimized MaxEnt model[J]. Insects, 2023, 14(2): 182.

[38] Gao R H, Shi J, Huang R F, et al., 2015. Effects of pine wilt disease invasion on soil properties and Masson pine forest communities in the Three Gorges reservoir region, China [J]. Ecology and Evolution, 2023, 5(8): 1702-1716.

[39] Gao R H, Wang Z, Luo Y Q, et al. Effect of *Bursaphelenchus xylophilus* infection on leaf photosynthetic characteristics and resource-use efficiency of *Pinus massoniana*[J]. Ecology and Evolution, 2017, 7(10): 3455-3463.

[40] Gao R H, Wang Z, Wang H X, et al. Relationship between pine wilt disease outbreaks and climatic variables in the Three Gorges Reservoir region[J]. Forests, 2019, 10(9): 816-830.

[41] Ge X Z, He S Y, Zhu C Y, et al. Projecting the current and future potential global distri-

bution of *Hyphantria cunea* (Lepidoptera: Arctiidae) using CLIMEX[J]. Pest Management Science, 2018, 75: 160-169.

[42] Geng S, Jung C. Temperature-dependent development of immature *Phyllonorycter ringoniella* (Lepidoptera: Gracillariidae) and its stage transition models[J]. Journal of Economic Entomology, 2018, 111(4): 1813-1823.

[43] Hambäck P A, Ågren J, Ericson L. Associational resistance: insect damage to purple loosestrife reduced in thickets of sweet gale [J]. Ecology, 2000, 81(7): 1784-1794.

[44] Harte J, Smith A B, Storch D. Biodiversity scales from plots to biomass with a universal species-area curve[J]. Ecology letters, 2009, 12(8): 789-97.

[45] Heikkinen R K, Luoto M, Araújo MB. Methods and uncertainties in bioclimatic envelope modelling under climate change [J]. Progress in Physical Geography, 2006, 30(6): 751-777.

[46] Hsu M H, Chen C C, Lin K H, et al. Photosynthetic responses of *Jatropha curcas* to spider mite injury [J]. Photosynthetica, 2015, 53(3): 349-355.

[47] Hu G, Xu X H, Wang Y L, et al. Regeneration of different plant functional types in a Masson pine forest following pine wilt disease [J]. PLOS ONE, 2012, 7(5): e36432.

[48] Humphrey J, Hawes C, Peace A, et al. Relationships between insect diversity and habitat characteristics in plantation forests [J]. Forest ecology and management, 1999, 113(1): 11-21.

[49] Jackson C R, Robertson M P. Predicting the potential distribution of an endangered cryptic subterranean mammal from few occurrence records[J]. Journal for Nature Conservation, 2011, 19: 87-94.

[50] Jeong J, Kim C, Lee K S, et al. Carbon storage and soil CO_2 efflux rates at varying degrees of damage from pine wilt disease in red pine stands [J]. Science of the total environment, 2013, 465(11): 273-278.

[51] Jin Z, Yu W, Zhao H, et al. Potential global distribution of invasive alien species, *Anthonomus grandis* Boheman, under current and future climate using optimal MaxEnt model [J]. Agricultural Economics, 2022, 12: 1759.

[52] Jobidon R, Cyr G, Thiffault N. Plant species diversity and composition along an experimental gradient of northern hardwood abundance in *Picea mariana* plantations[J]. Forest ecology and management, 2004, 198: 209-221.

[53] Johnson D W, Todd D, Tolbert V R. Changes in ecosystem carbon and nitrogen in a loblolly pine plantation over the first 18 years [J]. Soil science society of America journal, 2003, 67(5): 1594-1601.

[54] Keane R M, Crawley M J. Exotic plant invasions and the enemy release hypothesis [J].

Trends in ecology and evolution, 2002, 17(4): 164-170.

[55]Kobayashi F, Yamane A, Ikeda T. The Japanese pine sawyer beetle as the vector of pine wilt disease[J]. Annual Review of Entomology, 1984, 29: 115-135.

[56]Kolb T E, Stone J E. Differences in leaf gas exchange and water relations among species and tree sizes in an Arizona pine-oak forest [J]. Tree physiology, 2000, 20(1): 1-12.

[57]Lai A, Ku M S, Edwards GE. Analysis of inhibition of photosynthesis due to water stress in the C_3 species *Hordeum vulgare* and *Vicia faba*: electron transport, CO_2 fixation and carboxylation capacity [J]. Photosynthesis research, 1996, 49(1): 57-69.

[58]Leong E C W, Ho S H. Techniques in the culturing and handling of *Liposcelis entomophilus* (Enderlein) (Psocoptera: Liposcelidae) [J]. Journal of stored products research, 1990, 26(2): 67-70.

[59]Lepš J, Šmilauer P. Multivariate analysis of ecological data using Canoco [M]. Cambridge: Cambridge University Press, 2003.

[60]Li J, Shi J, Luo Y Q, et al. Plant and insect diversity along an experimental gradient of larch-birch mixtures in Chinese boreal forest [J]. Turkish journal of agriculture and forestry, 2012, 36(2): 247-255.

[61]Li M, Dai Y, Wang Y, et al. New insights into the life history of *Monochamus saltuarius* (Cerambycidae: Coleoptera) can enhance surveillance strategies for pine wilt disease[J]. Journal of Forestry Research, 2021, 32: 2699-2707.

[62]Li M, Li H, Sheng R C, et al. The first record of *Monochamus saltuarius* (Coleoptera: Cerambycidae) as vector of *Bursaphelenchus xylophilus* and its new potential hosts in China[J]. Insects, 2020, 11: 636.

[63]Li X, Xu D, Jin Y, et al. Predicting the current and future distributions of *Brontispa longissima* (Coleoptera: Chrysomelidae) under climate change in China[J]. Global Ecology and Conservation, 2021, 25: e01444.

[64]Li X, Yi M J, Son Y, et al. Biomass and carbon storage in an age-sequence of Korean pine (*Pinus koraiensis*) plantation forests in central Korea [J]. South Korea Journal of plant biology, 2011, 54(1): 33-42.

[65]Linit M J. Nemtaode-vector relationships in the pine wilt disease system[J]. Journal of Nematology, 1988, 20: 227.

[66]Linit M J, Kondo E, Smith M T. Insects associated with the pinewood nematode, *Bursaphelenchus xylophilus* (Nematoda: Aphelenchoididae), in Missouri[J]. Environmental Entomology, 1983, 12(2): 467-470.

[67]Lopes D B, Berger R D. The effects of rust and anthracnose on the photosynthetic competence of diseased bean leaves [J]. Phytopathology, 2001, 91(2): 212-220.

［68］Losure D A, Wilsey B J, Moloney K A. Evenness-invisibility relationships differ between two extinction scenarios in tall grass Prairie ［J］. Oikos, 2007, 116(1): 87-98.

［69］Lovett G M, Canham C D, Arthur M A, et al. Forest ecosystem responses to exotic pests and pathogens in eastern North America ［J］. BioScience, 2006, 56(5): 395-405.

［70］Ma R Y, Hao S G, Kong W N, et al. Cold hardiness as a factor for assessing the potential distribution of the Japanese pine sawyer *Monochamus alternatus* (Coleoptera: Cerambycidae) in China［J］. Annals of forest science, 2006, 63(5): 449-456.

［71］Ma R, Hao S, Tian J, et al. Seasonal variation in cold-hardiness of the Japanese pine sawyer *Monochamus alternatus* (Coleoptera: Cerambycidae) ［J］. Environmental Entomology, 2006, 35(4): 881-886.

［72］MacArthur R H. Geographical ecology: patterns in the distribution of species［M］. Princeton: Princeton University Press, 1972.

［73］Mamiya Y. Pathology of pine wilt disease caused by *Bursaphelenchus xylophilus*［J］. Annual Review of Phytopathology, 1983, 21(1): 201-220.

［74］Martins G C, Justino P A F, Leandro J. Patterns and metacommunity structure of aquatic insects (Trichoptera) in Amazonian streams depend on the environmental conditions［J］. Hydrobiologia, 2022, 849(12): 2831-2843.

［75］Meinzer F C, Woodruff D R, Shaw D C. Integrated responses of hydraulic architecture, water and carbon relations of western hemlock to dwarf mistletoe infection ［J］. Plant cell and environment, 2004, 27(7): 937-946.

［76］Melakeberhan H, Toivonen P M, Vidaver W E, et al. Effect of *Bursaphelenchus xylophilus* on the water potential and water-splitting complex of photosystem II of *Pinus sylvestris* seedlings ［J］. Physiological and molecular plant pathology, 1991, 38(2): 83-91.

［77］Mitchell P J, Monk J, Laurenson L, et al. Sensitivity of fine-scale species distribution models to locational uncertainty in occurrence data across multiple sample sizes［J］. Methods in Ecology and Evolution, 2016, 8: 12-21.

［78］Muscarella R, Galante P J, Soley-Guardia M, et al. An R package for conducting spatially independent evaluations and estimating optimal model complexity for MaxEnt ecological niche models［J］. Methods in ecology and evolution, 2014, 5: 1198-1205.

［79］Nabity P D, Heng-moss T M, Higley L G. Effects of insect herbivory on physiological and biochemical (oxidative enzyme) responses of the halophyte *Atriplex subspicata* (Chenopodiaceae) ［J］. Environmental entomology, 2006, 35(6): 1677-1689.

［80］Nakamura K, Maehara N, Aikawa T, et al. Research project to develop strategic action plant in the pine wilt disease unaffected area in northern Japan［J］. Germany: Book of Abstract of the Pine wilt disease conference, 2013.

［81］Nishizawa K, Shinohara N, Cadotte M W, et al. The latitudinal gradient in plant community assembly processes: A meta-analysis［J］. Ecology Letters, 2022, 25: 1711−1724.

［82］Noh N J, Son Y, Lee S K, et al. Carbon and nitrogen storage in an age-sequence of *Pinus densiflora* stands in Korea ［J］. Science China life science, 2010, 53(7): 822−830.

［83］Paaijmans K P, Heinig R L, Seliga R A, et al. Temperature variation makes ectotherms more sensitive to climate change ［J］. Global Change Biology Bioenergy, 2013, 19: 2373−2380.

［84］Pan L, Cui R, Li Y, et al. Investigation of pinewood nematodes in *Pinus tabuliformis* Carr. under low-temperature conditions in Fushun, China［J］. Forests, 2020, 11: 993.

［85］Peichl M, Arain M A. Above-and belowground ecosystem biomass and carbon pools in an age-sequence of temperate pine plantation forests ［J］. Agriculture and forest meteorology, 2006, 140(1): 51−63.

［86］Phillips S J, Anderson R P, Dudík M, et al. Opening the black box: An open-source release ofMaxEnt［J］. Ecography, 2017, 40(7): 887−893.

［87］Querejeta J I, Barea J M, Allen M F, et al. Differential response of δ13C and water use efficiency to arbuscular mycorrhizal infection in two aridland woody plant species ［J］. Oecologia, 2003, 135(4): 510−515.

［88］Quick W P, Chaves M M, Wendler R, et al. The effect of water stress on photosynthetic carbon metabolism in four species grown under field conditions ［J］. Plant, cell and environment, 1992, 15(1): 25−35.

［89］Robert P, Anderson, Israel G. Species-specific tuning increases robustness to sampling bias in models of species distributions: An implementation with MaxEnt［J］. Ecological Modelling, 2011, 222(15): 2796−2811.

［90］Roques A, Zhao L L, Sun J H, et al. Pine wood nematode, pine wilt disease, vector beetle and pine tree: how a multiplayer system could reply to climate change ［J］. Climate Change and Insect Pests, 2015(12): 220−234.

［91］Rutherford T A, Mamiya Y, Webster J M. Nematode-Induced Pine Wilt Disease: Factors Influencing Its Occurrence and Distribution［J］. Forest Science, 1990, 36(1): 145−155.

［92］Sala A, Carey E V, Callaway R M. Dwarf mistletoe affects whole-tree water relations of Douglas fir and western larch primarily through changes in leaf to sapwood ratios［J］. Oecologia, 2001, 126(1): 42−52.

［93］Shi J, Luo Y Q, Song J Y, et al. Traits of Masson pine affecting attack of pine wood nematode ［J］. Journal of integrative plant biology, 2007, 49(12): 1763−1771.

［94］Shi P J, Sandhu H S, Ge F. Could the intrinsic rate of increase represent the fitness in terrestrialectotherms? ［J］Journal of Thermal Biology, 2013, 38(3): 148−151.

［95］Shinya R，Morisaka H，Takeuchi Y，et al. Making headway in understanding pine wilt disease：what do we perceive in the postgenomic era? ［J］Journal of Bioscience and Bioengineering，2013，116(1)：1-8.

［96］Spiegel K S，Leege L M. Impacts of laurel wilt disease on redbay（*Persea borbonia*（L.）Spreng.）population structure and forest communities in the coastal plain of Georgia，USA ［J］. Biological invasions，2013，15(11)：2467-2487.

［97］Sugalski M T，Claussen D L. Preference for soil moisture，soil pH，and light intensity by the salamander，Plethodon cinereus［J］. Herpetologica，1997，31：245-250.

［98］Takahashi D，Park Y S. Spatial heterogeneities of human-mediated dispersal vectors accelerate the range expansion of invaders with source-destination mediated dispersal［J］. Scientific Reports，2020，10(1)：21410.

［99］Taylor A R，Wang J R，Chen H Y. Carbon storage in a chronosequence of red spruce（*Picea rubens*）forests in central Nova Scotia，Canada ［J］. Canadian journal of forest research，2007，37(11)：2260-2269.

［100］TerBraak C J F，Šmilauer P. Canoco reference manual and CanoDraw for windows user's guide：Software for canonical community ordination（version 4.5）［M］. Ithaca NY，USA：Microcomputer Power，2002.

［101］Tobita H，Uemura A，Kitao M，et al. Effects of elevated atmospheric carbon dioxide，soil nutrients and water conditions on photosynthetic and growth responses of *Alnus hirsute* ［J］. Functional plant biology，2011，38(9)：702-710.

［102］Turner M G，Romme W H，Gardner R H，et al. A revised concept of landscape equilibrium：disturbance and stability on scaled landscapes ［J］. Landscape ecology，1993，8(3)：213-227.

［103］Vesterdal L，Schmidt I K，Callesen I，et al. Carbon and nitrogen in forest floor and mineral soil under six common European tree species ［J］. Forest ecology and management，2008，255(1)：35-48.

［104］Walia A，Guy R D，White B. Carbon isotope discrimination in western hemlock and its relationship to mineral nutrition and growth ［J］. Tree physiology，2010，30(6)：728-740.

［105］Wang J，Deng J F，Yan W F，et al. Habitat suitability of pine wilt disease in northeast China under climate change scenario［J］. Forests，2023，14：1687.

［106］Wang W，Zhu Q，He G，et al. Impacts of climate change on pine wilt disease outbreaks and associated carbon stock losses ［J］. Agricultural and Forest Meteorology，2023，334：109426.

［107］Warren D L，Seifert S N. Ecological niche modeling in Maxent：The importance of model complexity and the performance of model selection criteria［J］. Ecological applications，

2011, 21：335-342.

［108］Westphal M I, Browne M, MacKinnon K, et al. The link between international trade and the global distribution of invasive alien species ［J］. Biological invasions, 2008, 10(4)：391-398.

［109］Woo K S, Yoon J H, Woo S Y, et al. Comparison in disease development and gas exchange rate of *Pinus densiflora* seedlings artificially inoculated with *Bursaphelenchus xylophilus* and *B. mucronatus* ［J］. Forest science and technology, 2010, 6(2)：110-117.

［110］Xu D P, Zhuo Z H, Wang R L, et al. Modeling the distribution of *Zanthoxylum armatum* in China with MaxEnt modeling［J］. Global Ecology and Conservation, 2019, 19：e00691.

［111］Xu Q W, Zhang X J, Li J X, et al. Pine wilt disease in northeast and northwest China：a comprehensive risk review［J］. Forests, 2023, 14：174.

［112］Yan H, He J, Xu X, et al. Prediction of potentially suitable distributions of *Codonopsis pilosula* in China based on an optimized MaxEnt model［J］. Frontiers in Ecology and Evolution, 2021, 9：773396.

［113］Yanai R D, Arthur M A, Siccama T G, et al. Challenges of measuring forest floor organic matter dynamics：Repeated measures from a chronosequence ［J］. Forest ecology and management, 2000, 138(1)：273-283.

［114］Yang W Q, Murthy R, King P, et al. Diurnal changes in gas exchange and carbon partitioning in needles of fast-and slow-growing families of loblolly pine (*Pinus taeda*) ［J］. Tree physiology, 2002, 22(7)：489-498.

［115］Yoon S, Jung J M, Hwang J, et al. Ensemble evaluation of the spatial distribution of pine wilt disease mediated by insect vectors in South Korea ［J］. Forest Ecology and Management, 2023, 529：120677.

［116］Zangerl A R, Arntz A M, Berenbaum M R. Physiological price of an induced chemical defense：photosynthesis, respiration, biosynthesis, and growth ［J］. Oecologia, 1997, 109(3)：433-441.

［117］Zhang W, Li Y, Pan L, et al. Pine chemical volatiles promotedauer recovery of a pine parasitic nematode, *Bursaphelenchus xylophilus*［J］. Parasitology, 2020, 147：50-57.

［118］Zhang X, Liu S R, Wang J X, et al. Local community assembly mechanisms shape soil bacterial β diversity patterns along a latitudinal gradient［J］. Natural Product Communications, 2020, 11：5428.

［119］Zhao H X, Xian X Q, Yang N W, et al. Risk assessment framework for pine wilt disease：Estimating the introduction pathways andmultispecies interactions among the pine wood nematode, its insect vectors, and hosts in China［J］. Science of The Total Environment, 2023, 905：167075.

［120］Zhao L L, Wei W, Kulhavy D L, et al. Low temperature induces two growth-arrested stages and change of secondary metabolites in *Bursaphelenchus xylophilus*〔J〕. Nematology, 2007, 9(5)：663-670.

［121］Zhao L, Zhang S, Wei W, et al. Chemical signals synchronize the life cycles of a plant-parasitic nematode and its vector beetle〔J〕. Current Biology, 2013, 23：2038-2043.

［122］Zhao B G, Futal K, Sutherland J R, et al. Pine wilt disease in China. In Pine Wilt Disease〔M〕. Berlin, Germany：Springer, 2008.

［123］阿依克孜 . 新疆荒漠绿洲生态区亚洲玉米螟主要生物学特性及发生世代验证〔D〕. 阿拉尔：塔里木大学, 2018.

［124］毕猛 . 基于气象因子的重大森林病虫害发生率空间格局研究〔D〕. 北京：中国林业科学研究院, 2014.

［125］曾立雄, 王鹏程, 肖文发, 等 . 三峡库区主要植被生物量与生产力分配特征〔J〕. 林业科学, 2008, 44(8)：16-22.

［126］曾权, 朱雪珍, 周利娟 . 基于优化 MaxEnt 模型的南方三棘果在中国的潜在适生区预测〔J〕. 华南农业大学学报, 2023, 44(2)：254-262.

［127］柴希民, 蒋平 . 松材线虫病的发生和防治〔M〕. 北京：中国农业出版社, 2003.

［128］陈凤毛, 叶建仁, 汤坚, 等 . 应用 PCR-RFLP 技术鉴别松材线虫与拟松材线虫〔J〕. 南京林业大学学报(自然科学版), 2006, 4：5-9.

［129］陈兴华, 胡会先, 林爵平, 等 . 华南地区常用园林绿化藤本植物光合生理特性研究〔J〕. 广东林业科技, 2010, 26(2)：7-11.

［130］陈瑜, 马春森 . 气候变暖对昆虫影响研究进展〔J〕. 生态学报, 2010, 30(8)：2159-2172.

［131］程功, 吕全, 冯益明, 等 . 气候变化背景下松材线虫在中国分布的时空变化预测〔J〕. 林业科学, 2015, 51(6)：119-126.

［132］程瑚瑞, 林茂松, 黎伟强, 等 . 南京黑松上发生的萎蔫线虫病〔J〕. 森林病虫通讯, 1983, 4：1-5.

［133］翟建中, 陆玲仙, 陈炎莲 . 宁波象山县松材线虫病分布特征与防治设想〔J〕. 林业科技开发, 1992, (4)：41-42.

［134］董晓颖, 李培环, 王永章, 等 . 水分胁迫对不同生长类型桃叶片水分利用效率和羧化效率的影响〔J〕. 灌溉排水学报, 2005, 24(5)：67-69.

［135］董旭辉, 羊向东, 刘恩峰, 等 . 冗余分析(RDA)在简化湖泊沉积指标体系中的应用——以太白湖为例〔J〕. 地理研究, 2007, 26(3)：477-484.

［136］董瀛谦, 阎合, 潘佳亮, 等 . 我国松材线虫病防控对策〔J〕. 中国森林病虫, 2022, 41(4)：1-8.

［137］凡美玲, 方水元, 陈磊, 等 . 温度与昆虫内禀增长率关系模型的比较〔J〕. 植物保护学报, 2017, 44(4)：544-550.

[138] 方精云，李意德．海南岛尖峰岭山地雨林的群落结构、物种多样性以及在世界雨林中的地位[J]．生物多样性，2004，12(1)：30-43.

[139] 封小慧，张宾，孙江华．伴生微生物与松材线虫-媒介天牛互作关系的研究进展[J]．中国森林病虫，2022，41(3)：30-37.

[140] 付必谦，张峰，高瑞如．生态学实验原理与方法[M]．北京：科学出版社，2011.

[141] 付涛，蒋志荣，鲍婧婷，等．沙坡头地区3种沙生植物水分及光能利用效率特征比较分析[J]．甘肃农业大学学报，2015，50(2)：106-110.

[142] 甘莉佳，黄海燕，何茹，等．宜宾市金秋湖镇松墨天牛种群动态研究[J]．广东蚕业，2022，56(9)：15-18.

[143] 高琪清．宜昌市城区气温变化及城市热岛[C]//中国气象学会，第28届中国气象学会年会——S7城市气象精细预报与服务，2011.

[144] 高瑞贺，刘佳奇，刘磊，等．山西沁水县松墨天牛发生危害规律[J]．林业科学研究，2024，37(1)：194-202.

[145] 高瑞贺，王壮，石娟，等．松材线虫病伐除迹地内昆虫群落特征及寄生性昆虫环境梯度分布[J]．北京林业大学学报，2013，35(5)：84-90.

[146] 高尚坤，唐艳龙，张彦龙，等．松褐天牛在马尾松树干上的分布规律[J]．林业科学研究，2015，28(5)：708-712.

[147] 耿书宝，侯贺，江孟娜，等．茶银尺蠖的发育起点温度和有效积温[J]．应用昆虫学报，2022，59(4)：794-804.

[148] 顾焕先，张国辉．贵州凯里松褐天牛生活史及发生规律[J]．吉林农业，2016，379(10)：93.

[149] 韩阳阳，王焱，项杨，等．基于Maxent生态位模型的松材线虫在中国的适生区预测分析[J]．南京林业大学学报(自然科学版)，2015，39(1)：6-10.

[150] 何善勇，温俊宝，骆有庆，等．气候变暖情境下松材线虫在我国的适生区范围[J]．应用昆虫学报，2012，49(1)：236-243.

[151] 贺长洋，王成法．松材线虫病在山东长岛的发生与治理[J]．植物检疫，1999，(5)：295-296.

[152] 胡晓健．水分胁迫下不同种源马尾松苗木生理特性的研究[D]．南京：南京林业大学，2007.

[153] 黄焕华．深圳市松树毁灭性疫病—松材线虫萎蔫病[J]．广东林业科技，1990，(6)：34-36.

[154] 黄金水，汤陈生，陈金渭，等．厦门市松材线虫病的持续控制技术[J]．林业科学，2010，46(10)：83-88.

[155] 黄儒珠，李机密，郑怀舟，等．福建长汀重建植被马尾松与木荷光合特性比较[J]．生态学报，2009，29(11)：6120-6130.

[156]黄政龙.马尾松毛虫危害与气象因子的关系初探[J].中南林学院学报，2004，24（1）：106-108.

[157]姬明飞，丁东粮，吴寿方，等.4种蒿属植物的光合光响应曲线及其拟合模型[J].草业科学，2013，30(5)：716-722.

[158]蒋高明，何维明.一种在野外自然光照条件下快速测定光合作用—光响应曲线的新方法[J].植物学通报，1999，16(6)：712-718.

[159]孔维娜.入侵种松材线虫的关键传媒-松墨天牛的耐寒性[D].晋中：山西农业大学，2005.

[160]孔维娜，王慧，李捷，等.温湿度对松墨天牛越冬幼虫寿命的影响[J].山西农业大学学报(自然科学版)，2006，26(3)：294-295.

[161]来燕学.松墨天牛的飞行特性与防治松材线虫病的指导思想[J].浙江林学院学报，1998，15(3)：320-323.

[162]李慧.热激蛋白在松褐天牛响应高温胁迫中的功能研究[D].南京：南京林业大学，2021.

[163]李嘉瑞，任小林，王民柱.干旱对果树光合的影响及水分胁迫信息传递[J].干旱地区农业研究，1996，14(3)：67-72.

[164]李兰英，高岚，温亚利，等.松材线虫病对浙江省环境影响经济评价[J].林业经济，2009，(8)：68-73.

[165]李世成，易自力，廖剑锋，等.基于MaxEnt模型对尼泊尔芒适生区时空分布的预测[J].湖南农业大学学报(自然科学版)，2020，46(2)：176-183.

[166]李霜雯，吕晓亮，田宇明，等.大连市松材线虫病典型发生区松墨天牛种群动态[J].辽宁林业科技，2019，6：20-22.

[167]李新，冯玉龙.砂仁光合作用的 CO_2 扩散限制与气孔限制分析[J].植物生态学报，2005，29(4)：584-590.

[168]李燕燕，樊后保，林德喜，等.马尾松林混交阔叶树的生物量及其分布格局[J].浙江林学院学报，2004，21(4)：388-392.

[169]理永霞，王璠，刘振凯，等.松材线虫致病机理研究进展[J].中国森林病虫，2022，41(3)：11-20.

[170]理永霞，张星耀.松材线虫入侵扩张趋势分析[J].中国森林病虫，2018，37(5)：1-4.

[171]林开淼.亚热带米槠人促林碳、氮、磷积累特征及土壤磷素有效性分级研究[D].福州：福建师范大学，2015.

[172]刘光崧.中国生态系统研究网络观测与分析标准方法——土壤理化分析与剖面描述[M].北京：中国标准出版社，1996.

[173]刘国利，何树斌，杨惠敏.紫花苜蓿水分利用效率对水分胁迫的响应及其机理[J].

草业学报，2009，18（3）：207-213.

[174]刘伶利，刘争，蔡东章，等．豫南地区松材线虫病风险分析及防控对策研究［J］．中国林副特产，2020，（5）：103-106.

[175]刘小宇，荣志云，王连刚，等．草地贪夜蛾的有效积温和发育始点及其发生世代预测［J］．环境昆虫学报，2022，44（1）：1-10.

[176]刘昭阳．中国光肩星天牛种群表型多样性及遗传变异研究［D］．北京：北京林业大学，2016.

[177]吕全，张星耀，梁军，等．当代森林病理学的特征［J］．林业科学，2012，48（7）：134-144.

[178]梅莉，张卓文，谷加存，等．水曲柳和落叶松人工林乔木层碳、氮储量及分配［J］．应用生态学报，2009，20（8）：1791-1796.

[179]孟俊国，刘博，徐华潮，等．松墨天牛幼虫在马尾松上的分布规律研究［J］．浙江林业科技，2012，32（2）：41-44.

[180]聂绍芳，彭珍宝．南岳景区松墨天牛的发生规律［J］．中南林学院学报，2000，20（4）：96-98.

[181]牛翠娟，娄安如，孙儒泳，等．基础生态学（第2版）［M］．北京：高等教育出版社，2007，160-161.

[182]潘宏阳，叶建仁，吴小琴．中国松材线虫病空间分布格局［J］．生态学报，2009，29（8）：4325-4331.

[183]潘瑞炽，王小菁，李娘辉．植物生理学（第7版）［M］．北京：高等教育出版社，2012.

[184]潘友粮，刘庆，彭观地，等．江西省不同地区松墨天牛的物候学特征和种群动态［J］．林业科学研究，2023，36（2）：70-78.

[185]裴益轩，郭民．滑动平均法的基本原理及应用［J］．火炮发射与控制学报，2001，1：21-23.

[186]彭诚，宋鄂平，宋太伟．湖北恩施松材线虫病的防治现状及对策［J］．湖北民族学院学报（自然科学版），2002，（2）：31-33.

[187]彭少麟，张祝早．鼎湖山地带性植被生物量、生产力和光能利用效率［J］．中国科学，1994，24（5）：497-502.

[188]沈梦伟，陈圣宾，毕孟杰，等．中国蚂蚁丰富度地理分布格局及其与环境因子的关系［J］．生态学报，2016，36（23）：7732-7739.

[189]施积炎，丁贵杰，袁小凤．不同家系马尾松维持水分平衡能力及综合评价［J］．上海交通大学学报，2004，22（2）：143-148.

[190]石娟．浙江松林生态系统对松材线虫入侵的抵御和恢复机制［D］．北京：北京林业大学，2005.

[191]石娟，骆有庆，宋冀莹，等．松材线虫入侵后不同伐倒干扰强度对马尾松林植物多样性的影响[J]．应用生态学报，2006，17(7)：1157-1163.

[192]石娟，骆有庆，武海卫，等．松材线虫入侵对马尾松林植物群落功能的影响[J]．北京林业大学学报，2007，15(5)：114-120.

[193]时鹏，王壮，曾辉，等．低温条件下松褐天牛在我国适生区分布预测[J]．西北林学院学报，2019，34(4)：156-161.

[194]宋玉双．中国松材线虫防控[M]．哈尔滨：东北林业大学出版社，2013.

[195]宋玉双，臧秀强．松材线虫在我国的适生性分析及检疫对策初探[J]．森林病虫通讯，1989，4：38-41.

[196]孙绪艮，崔为友．松材线虫病与松墨天牛研究概况[J]．山东林业科技，2001，1：44-47.

[197]孙益知．果树病虫害生物防治[M]．北京：金盾出版社，2004.

[198]孙玉诚，郭慧娟，戈峰．昆虫对全球气候变化的响应与适应性[J]．应用昆虫学报，2017，54(4)：539-552.

[199]谈家金，杨荣铮，吴惠平．不同地理种群的松材线虫对马尾松的致病力差异[J]．植物检疫，2000，14(6)：324-325.

[200]陶立超，孟晓清，孙翀，等．北京油松人工林凋落物及粗死木质残体贮量研究[J]．福建林学院学报，2014，34(1)：26-32.

[201]田大伦．马尾松和湿地松林生态系统结构与功能[M]．北京：科学出版社，2005.

[202]王柏泉，徐明飞．鄂西南地区松褐天牛生物学特性及发生规律研究[J]．湖北民族学院学报(自然科学版)，2002，20(2)：21-24.

[203]王玲萍．松褐天牛生物学特性的研究[J]．福建林业科技，2004，31(3)：23-26.

[204]王让军．陇南稻区直纹稻弄蝶发生世代数的推算及其世代类型的划分[J]．农业开发与装备，2014，9：28.

[205]王卫霞．南亚热带不同树种人工林生态系统碳氮特征研究[D]．北京：中国林业科学研究院，2013.

[206]王曦苗，曹业凡，汪来发，等．松材线虫病发生及防控现状[J]．环境昆虫学报，2018，40(2)：256-267.

[207]王志明，皮忠庆，候彬．吉林省发现松墨天牛[J]．中国森林病虫，2006，25(3)：35-35.

[208]王壮．松材线虫病伐除迹地木本植物的自然恢复[D]．北京：北京林业大学，2012.

[209]韦春义．松材线虫病在广西的危害情况及防控对策[J]．广东农业科学，2011，38(20)：77-78，96.

[210]韦兰英，曾丹娟，张建亮，等．岩溶石漠化区四种牧草植物光合生理适应性特征[J]．草业学报，2010，19(3)：212-219.

[211]魏永成．接种松材线虫后抗性马尾松的防御物质变化及转录组分析[D]．北京：中国

林业科学研究院，2016.

[212]吴桂康，陈章铭，杨桦，等．云南松林松墨天牛发生规律及生物学特性[J]．四川林业科技，2019，40(3)：82-86.

[213]吴昊，丁建清．入侵生态学最新研究动态[J]．科学通报，2014，59(6)：438-448.

[214]吴坚，刘跃祥，闫峻，等．日本松材线虫病发生与防治及对我国的启示[J]．中国森林病虫，2009，28(1)：42-45.

[215]吴丽君，邹军，徐芳玲．贵州省松材线虫病发生现状及防控对策[J]．贵州林业科技，2020，48(2)：53-56.

[216]吴梦林．贵州黔南松墨天牛成虫动态、世代调查与产卵策略研究[D]．贵阳：贵州师范大学，2018.

[217]吴蓉，陈友吾，陈卓梅，等．松材线虫入侵对不同类型松林群落演替的影响[J]．西南林学院学报，2005，25(2)：39-43.

[218]习妍，牛树奎．气候要素对松材线虫病疫情的影响研究[J]．林业资源管理，2008，4：70-76.

[219]夏鑫．马尾松人工林的老龄林生态系统生物量和碳贮量研究[D]．福建：福建农林大学，2008.

[220]萧刚柔．中国森林昆虫[M]．北京：中国林业出版社，1992.

[221]徐福元，杨宝君，葛明宏．松材线虫病媒介昆虫的调查[J]．森林病虫通讯，1993，2：20-21.

[222]徐福元，郑华英，刘云鹏，等．马尾松种源对松褐天牛成虫取食、松材线虫病的抗性分析[J]．林业科学，2011，47(1)：101-106.

[223]徐华潮．自然感染松材线虫后黑松与马尾松的病理生理学研究[D]．北京：北京林业大学，2013.

[224]徐华潮，骆有庆．松材线虫入侵对森林生态系统的影响[J]．浙江林学院学报，2010，27(3)：445-450.

[225]徐瑞钧，周汝良，刘乾飞，等．气候变暖趋势下松褐天牛适生区分布模拟与预测[J]．林业资源管理，2020，4：109-116.

[226]徐学红．松材线虫入侵对植物群落的影响[D]．杭州：浙江大学，2005.

[227]杨宝君，潘宏阳，汤坚，等．松材线虫病[M]．北京：中国林业出版社，2003.

[228]杨贵军，王敏，杨益春，等．贺兰山甲虫物种丰富度分布格局及其环境解释[J]．生物多样性，2019，27(12)：1309-1319.

[229]杨全，孟平，李俊清，等．土壤水分胁迫对杜仲叶片光合及水分利用特征的影响[J]．中国农业气象，2010，31(1)：48-52.

[230]杨书运，张庆国，蒋跃林，等．高浓度CO_2对马尾松光合速率的影响[J]．安徽农业大学学报，2006，33(1)：100-104.

[231] 杨兴洪，邹琦，赵世杰. 遮荫和全光下生长的棉花光合作用和叶绿素荧光特征[J]. 植物生态学报，2005，29(1)：8-15.

[232] 杨秀芳，玉柱，徐妙云，等. 两种不同类型的尖叶胡枝子光合-光响应特性研究[J]. 草业科学，2009，26(7)：61-65.

[233] 杨振德，赵博光，郭建. 松材线虫行为学研究进展[J]. 南京林业大学学报，2003，1：87-92.

[234] 杨志敏，颜景义，郑有飞. 紫外线辐射增加对大豆光合作用和生长的影响[J]. 生态学报，1996，2：154-159.

[235] 杨忠岐，王小艺，张翌楠，等. 释放花绒寄甲和设置诱木防治松褐天牛对松材线虫病的控制作用研究[J]. 中国生物防治学报，2012，28(4)：490-495.

[236] 杨忠岐，王小艺，张翌楠，等. 以生物防治为主的综合控制我国重大林木病虫害研究进展[J]. 中国生物防治学报，2018，34(2)：163-183.

[237] 杨子祥，王健敏，陈晓鸣，等. 松墨天牛在云南松树干的垂直分布研究[J]. 林业科学研究，2010，23(4)：607-611.

[238] 姚庆群，谢贵水. 干旱胁迫下光合作用的气孔与非气孔限制[J]. 热带农业科学，2005，25(4)：84-89.

[239] 叶建仁. 松材线虫病在中国的流行现状、防治技术与对策分析[J]. 林业科学，2019，55(9)：1-10.

[240] 叶建仁，吴小芹. 松材线虫病研究进展[J]. 中国森林病虫，2022，41(3)：1-10.

[241] 叶子飘，于强. 一个光合作用光响应新模型与传统模型的比较[J]. 沈阳农业大学学报，2007，38(6)：771-775.

[242] 于海英，吴昊. 辽宁发现松材线虫新寄主植物和新传播媒介昆虫[J]. 中国森林昆虫，2018，37(5)：61.

[243] 袁缓，冉春燕，陈斌. 重庆市松墨天牛的形态变异与环境因素的关系[J]. 重庆师范大学学报(自然科学版)，2022，39(2)：38-45.

[244] 展小云，于贵瑞，盛文萍，等. 中国东部南北样带森林优势植物叶片的水分利用效率和氮素利用效率[J]. 应用生态学报，2012，23(3)：587-594.

[245] 张建军. 松墨天牛成虫生物学特性及近距离扩散规律研究[D]. 北京：中国科学院，2007.

[246] 张同娟. 黄土地区表层土壤结构状况与效应研究[D]. 咸阳：西北农林科技大学，2007.

[247] 张向峰. 重庆缙云山马尾松光合生理特性[D]. 北京：北京林业大学，2013.

[248] 张向峰，王玉杰，王云琦. 水分胁迫对马尾松光合特性的影响[J]. 中南林业科技大学学报，2012，32(7)：58-63.

[249] 张星耀，骆有庆. 中国森林重大生物灾害[M]. 北京：中国林业出版社，2003.

[250]张星耀，骆有庆，叶建仁，等．国家林业新时期的森林生物灾害研究[J]．中国森林病虫，2004，23(6)：8-12.

[251]张秀娟．亚热带常绿叶林光能和水分利用效率研究[D]．北京：北京林业大学，2011.

[252]张彦龙，王小艺，杨忠岐，等．松材线虫病媒介昆虫的天敌及其应用研究进展[J]．中国森林病虫，2022，41(3)：21-29.

[253]张彦敏，周广胜．植物叶片最大羧化速率及其对环境因子响应的研究进展[J]．生态学报，2012，32(18)：5907-5917.

[254]张毅龙，杨敏仪，吴康生，等．广东南山森林公园不同林分松墨天牛诱捕量差异研究[J]．林业与环境科学，2020，36(5)：59-63.

[255]章彦．松林生态系统对松材线虫的可入侵性和抵御能力的研究[D]．北京：北京林业大学，2010.

[256]赵金龙，梁宏温，温远光，等．马尾松与红锥混交异龄林生物量分配格局[J]．中南林业科技大学学报，2011，31(2)：60-64.

[257]郑光楠，杨秀好，韦曼丽，等．广西松褐天牛成虫种群动态规律及其与林分和气象因子相关性[J]．林业科学，2023，59(1)：128-142.

[258]郑雅楠，刘佩旋，时勇，等．辽宁松材线虫病与中国其他疫区的差异性分析[J]．北京林业大学学报，2021，43(5)：155-160.

[259]支华，耿合雷，徐芳玲．樱红天牛幼虫龄数的划分[J]．中国森林病虫，2022，41(2)：5-9.

[260]周健生，蒋丽雅．安徽省治理松材线虫病工作的10年回顾[J]．森林病虫通讯，1997，(3)：23-25.

[261]周瑶，李建东，孙妮妮，等．山东长岛综试区松墨天牛种群动态调查[J]．陕西林业科技，2022，50(4)：73-77.

[262]周玉荣，于振良，赵士洞．我国主要森林生态系统碳贮量和碳平衡[J]．植物生态学报，2000，24(5)：518-522.

[263]朱耿平，乔慧捷．MaxEnt模型复杂度对物种潜在分布区预测的影响[J]．生物多样性，2016，24(10)：1189-1196.

[264]朱教君，康宏樟，李智辉．不同水分胁迫方式对沙地樟子松幼苗光合特性的影响[J]．北京林业大学学报，2006，28(2)：57-63.

[265]朱克恭．松材线虫病研究综述[J]．世界林业研究，1995，3(4)：28-33.

[266]宗世祥，毕浩杰．基于无人机遥感的松材线虫病监测研究与展望[J]．中国森林病虫，2022，41(3)：45-51.

[267]邹春静，韩士杰，徐文铎，等．沙地云杉生态型对干旱胁迫的生理生态响应[J]．应用生态学报，2003，14(9)：1446-1450.

作者简介

高瑞贺，男，博士，硕士生导师，中共党员，1989 年 3 月出生，河北省邢台市人。2017 年 6 月毕业于北京林业大学，现任职于山西农业大学林学院森林保护系，副教授，系主任。主要研究方向为林业外来生物入侵和林木有害生物综合治理，目前主持(结题)省部级科研项目 8 项，发表学术论文 30 篇，其中以第一作者或通讯作者发表(接收)24 篇学术论文。

一、教学科研项目

1. 2024 年国家自然科学青年基金：松墨天牛 CncC 基因调控抗氧化酶响应低温胁迫的分子机制，32401594，2025.01～2027.12；

2. 2024 年山西省研究生教育教学研究生教育教学改革课题：生物安全视角下"思政教育+专业教育"双轮驱动型研究生教学、改革与实践(2024JG072)，2024.08～2026.07 主持，在研；

3. 山西省省筹资金资助回国留学人员科研项目：松墨天牛 CncC 基因应答低温抗逆的功能和作用机制(2023-087)，2023.06～2026.06，主持，在研；

4. 山西省高等学校教学改革创新项目：林学一流本科专业建设背景下《森林昆虫学》课程思政体系构建及多元化融合研究(J20220300)，2022.04～2024.03，主持，在研；

5. 山西省应用基础研究计划青年科技研究基金：松墨天牛越冬幼虫转录因子 CncC 应答低温调控抗氧化酶的作用机制(202210302124062)，2022.01～2024.12，主持，在研；

6. 山西省"三区"科技人员专项计划：临汾市蒲县科技服务（K272201067），2022.06～2023.05，主持，结题；

7. 山西省高等学校科技创新项目：松墨天牛越冬幼虫应答低温应激损伤的保护机制（2021L128），2021.08～2023.07，主持，结题；

8. 山西省高等学校科技创新项目：松墨天牛响应温度升高的生化机制研究(2019L0370)，2019.07～2021.06，主持，结题。

二、发表论文

1. Rui H G, Lei L, Shiming F, et al. Ocuremce and Potential Diffusion of pine Wile Disease Modiated by Insect Vectors in China undar Climate Chonge. Pest Management Science, 2024, 07, DOI：10.1002lps.8335.

2. Rui H G, Lei L, Rong J L, et al. Predicting Potential distributions of *Monochamus salturius*, a Novel Insect Vector of Pine Wilt Disease in China［J］. Frontiers in Forests and Global Change, 2023, 6(9)：1243996.

3. Rui H G, Lei L, Li J Z, et al. Potentially Suitable Geographical Area for *Monochamous alternatus* under Current and Future Climatic Scenarios Based on Optimized MaxEnt Model［J］. Insects, 2023, 14(2)：182. doi. org/10. 3390/insects14020182.

4. Zhuang W, Li J Z, Jia Q L, et al. Functional relationship between woody plants and insect communities in response to *Bursaphelenchus xylophilus* infestation in the Three Gorges Reservoir region［J］. Ecology and Evolution, 2021, 11(13)：1-13. doi. org/ 10. 1002/ece3. 7716.

5. Rui H G, Zhuang W, Hai X W, et al. Relationship between pine wilt disease outbreaks and climatic variables in the Three Gorges reservoir region［J］. Forests, 2019, 10(9)：816. doi：10. 3390/f10090816.

6. Rui H G, You Q L, Zhuang W, et al. Patterns of biomass, carbon, and nitrogen storage distribution dynamics after the invasion of pine forests by *Bursaphelenchus xylophilus* (Nematoda：Aphelenchoididae) in the Three Gorges reservoir region［J］. Journal of Forestry Research, 2018, 29(2)：459-470.

7. Rui H G, Zhuang W, You Q L, et al. Effect of *Bursaphelenchus xylophilus* infection on leaf photosynthetic characteristics and resource-use efficiency of Pinus massoniana［J］. Ecology and Evolution, 2017, 7(10)：3455-3463.

8. Rui H G, Juan S, Rui F H, et al. Effect of pine wilt disease invasion on soil properties and Masson pine forest communities in the Three Gorges reservoir region, China［J］. Ecology and Evolution, 2015, 5(8)：1702-1716.

9. Li J Z, Rui H G, Jia Q L, et al. Effects of Environmental Factors on the Spatial Distribution Pattern and Diversity of Insect Communities along Altitude Gradients in Guandi Mountain, China［J］. Insects, 2023, 14(03)：224.

10. Zhuang W, You Q L, Rui H G, et al. Quantitative classification and environmental interpretation of secondary forests 18 years after the invasion of pine forests by *Bursaphelenchus xylophilus* (Nematoda：Aphelenchoididae) in China［J］. Journal of Insect Science, 2014, 14 (1)：296.

11. 范世明, 张楠, 高瑞贺*. 松墨天牛在山西省的潜在地理分布和扩张风险分析［J］. 植物保护学报, 2024, 51(6)：1496-1505.

12. 高瑞贺, 赵佳强, 张志伟.《森林昆虫学》课程思政立体化育人体系研究［J］. 现代农村科技, 2024, 634(06)：130-132.

13. 李蓉姣, 董江海, 高瑞贺*等. 关帝山不同海拔杨桦混交林土壤动物多样性特征及其影响因素［J］. 生物多样性, 2024, 32(9)：44-55.

14. 高瑞贺，崔绍朋，张志伟．林学一流本科专业建设背景下森林昆虫学应用型人才培养教学改革探究[J]．现代园艺，2024，47(20)：189-191.

15. 董江海，李蓉姣，高瑞贺*．关帝山杨桦混交林土壤动物功能群海拔梯度分布格局及其环境驱动因素[J]．生态学报，2025，45(2)：769-787.

16. 高瑞贺，刘佳奇，刘磊，等．山西沁水县松墨天牛发生危害规律[J]．林业科学研究，2024，37(1)：194-202.

17. 刘佳奇，赵立娟，高瑞贺*，等．松墨天牛4龄越冬幼虫响应低温胁迫的生理适应机制[J]．北京林业大学学报，2024，46(04)：74-83.

18. 高瑞贺，范世明，董江海，等．关帝山不同海拔昆虫功能群特征及其垂直分布格局[J]．生物多样性，2023，31(10)：113-123.

19. 李蓉姣，董江海，高瑞贺*，等．关帝山不同海拔天然次生杨桦林地表昆虫群落结构及多样性特征分析[J]．西北林学院学报，2024.39(04)：1-10.

20. 刘磊，赵立娟，高瑞贺*．基于优化的MaxEnt模型预测气候变化下松褐天牛在我国的潜在适生区[J]．林业科学，2024，60(11)：139-148.

21. 刘佳奇，赵立娟，高瑞贺*，等．丈河村昆虫群落结构、资源昆虫及地理区系分析[J]．山西农业科学，2021，49(5)：615-622.

22. 高瑞贺，骆有庆，石娟．松材线虫入侵对马尾松树光合特性的影响[J]．林业科学研究，2019，32(1)：65-73.

23. 高瑞贺，冀卫荣，李宏，等．松材线虫病疫情指数与气候因素之间的关系[J]．山西农业大学学报，2019，39(5)：32-40.

24. 高瑞贺，骆有庆，石娟，等．松材线虫病入侵初期三峡库区马尾松林及土壤性质的变化[J]．北京林业大学学报，2015，37(1)：84-91.

25. 高瑞贺，骆有庆，石娟，等．松材线虫病伐除迹地内昆虫群落特征及寄生性昆虫环境梯度分布[J]．北京林业大学学报，2013，35(5)：84-90.

26. Tong F, Yi R L, Rui H G, et al. "Feeding Appropriate Nutrients during the adult stage to promote the growth and development of Carposina sasakii off spring[J]. Insects 2024, 15, 283.

27. 张辉盛，徐琳，高瑞贺，等．扶桑绵粉蚧多维气候生态位保守性与入侵风险[J]．应用生态学报，2023，34(6)：1649-1658.

28. 韩艺茹，薛琪琪，高瑞贺，等．燕山地区访花昆虫多样性及其影响因子[J]．生物多样性，2022，30(3)：48-59.

29. 王海香，樊金华，高瑞贺．高校专业选修课的教学探索与实践——以"普通昆虫学"课程为例[J]．黑龙江教育(高等研究与评估)，2018(10)：10-12.

30. 黄瑞芬，高瑞贺，石娟，等．湖北三峡地区松材线虫的耐寒性[J]．东北林业大学学报，2014，42(11)：84-91.